能源与电力分析年度报告系列

U0384150

2019
中国新能源发电
分析报告

国网能源研究院有限公司　编著

中国电力出版社
CHINA ELECTRIC POWER PRESS

内 容 提 要

《中国新能源发电分析报告》是能源与电力分析年度报告系列之一，主要对 2018 年中国风电、太阳能发电等新能源发电并网运行情况、政策法规和新能源发电热点问题进行全面分析研究，以期为关心新能源发电的各方面人士提供借鉴和参考。

本报告围绕 2018 年新能源发电的开发建设情况、运行消纳情况、新能源发电技术和成本、新能源发电产业政策、本年度热点问题进行了全面梳理和分析，对国内外新能源发电发展趋势进行了展望。

本报告适合于能源电力行业从业者、国家相关政策制定者及科研工作者参考使用。

图书在版编目（CIP）数据

中国新能源发电分析报告 . 2019/国网能源研究院有限公司编著 . —北京：中国电力出版社，2019.6
（能源与电力分析年度报告系列）
ISBN 978 - 7 - 5198 - 3327 - 5

Ⅰ. ①中…　Ⅱ. ①国…　Ⅲ. ①新能源－发电－研究报告－中国－2019　Ⅳ. ①TM61

中国版本图书馆 CIP 数据核字（2019）第 122669 号

出版发行：中国电力出版社
地　　　址：北京市东城区北京站西街 19 号（邮政编码 100005）
网　　　址：http：//www.cepp.sgcc.com.cn
责任编辑：刘汝青（010-63412382）　赵鸣志
责任校对：黄　蓓　太兴华
装帧设计：赵姗姗
责任印制：吴　迪

印　　　刷：北京瑞禾彩色印刷有限公司
版　　　次：2019 年 6 月第一版
印　　　次：2019 年 6 月北京第一次印刷
开　　　本：787 毫米×1092 毫米　16 开本
印　　　张：6.75
印　　　数：0001—2000 册
字　　　数：93 千字
定　　　价：88.00 元

能源与电力分析年度报告

编　委　会

主　任　张运洲

委　员　吕　健　蒋莉萍　柴高峰　李伟阳　李连存

　　　　张　全　王耀华　郑厚清　单葆国　马　莉

　　　　郑海峰　代红才　鲁　刚　韩新阳　李琼慧

　　　　张　勇　李成仁

《中国新能源发电分析报告》

编　写　组

组　长　李琼慧

主笔人　谢国辉　刘佳宁

成　员　李娜娜　汪晓露　赵　奕　冯凯辉　胡　静

　　　　李梓仟　洪博文　王彩霞　黄碧斌　雷雪姣

　　　　闫　湖　时智勇　叶小宁　袁　伟

前 言
PREFACE

国网能源研究院有限公司多年来紧密跟踪新能源发电发展规模、并网运行、技术、成本、政策法规等相关情况及数据，形成年度系列分析报告，为政府部门、电力企业和社会各界提供有价值的决策参考或分析依据。

为了及时、全面反映中国新能源行业特别是新能源发电并网及利用相关情况，国网能源研究院有限公司对 2018 年中国风电、太阳能发电等新能源发电情况进行了全面的梳理总结和分析研究，形成了 2019 年度《中国新能源发电分析报告》，力求能够为关注新能源发展的政府主管部门、科技人员、能源行业从业人员及其他读者提供有益的借鉴和参考。

本报告对 2018 年中国新能源发电项目开发与建设、并网运行消纳、技术创新、发电成本、政策法规、热点问题等进行了重点分析，并对未来国内外新能源发电发展趋势进行了展望。本报告内容与其他年度系列分析报告相辅相成，互为补充。

本报告共分为 6 章。第 1 章为新能源发电开发建设情况，主要分析了中国新能源开发规模、布局和新能源配套电网工程建设情况；第 2 章为新能源发电运行消纳情况，主要分析了 2018 年度新能源运行利用情况和消纳情况，创新引入了新能源发电监测评价指数，进一步评判并印证了重点地区消纳状况；第 3 章为新能源发电技术和成本，梳理总结了新能源发电技术的最新情况，从单位投资成本、度电成本等方面分析了风电、太阳能发电的经济性，预判未来成本变化趋势；第 4 章为新能源发电产业政策，梳理了中国 2018 年出台的新能源产业政策；第 5 章是新能源发电发展展望，展望世界和中国新能源发电发展趋势；

第 6 章是新能源发电专题分析，选取本年度新能源发电领域广泛关注的问题，进行深入分析解读。

本报告概述部分由刘佳宁、谢国辉主笔；第 1 章由刘佳宁主笔；第 2 章由李娜娜主笔；第 3 章由谢国辉、赵奕、汪晓露主笔；第 4 章由刘佳宁、李娜娜主笔；第 5 章由刘佳宁、谢国辉、赵奕主笔；第 6 章由谢国辉、李娜娜、冯凯辉、李梓仟、汪晓露主笔；附录部分由刘佳宁主笔。全书由谢国辉、刘佳宁统稿，李琼慧、李娜娜校核。

在本报告的编写过程中，得到了能源、电力领域多位专家的悉心指导和帮助，在此一并表示深切的谢意！

限于作者水平，虽然对书稿进行了反复研究推敲，但难免仍会存在疏漏与不足之处，恳请读者谅解并批评指正！

编著者

2019 年 5 月

目 录
CONTENTS

概　　述

本报告在对 2018 年度中国新能源发电❶项目开发与建设、并网运行及利用、发电技术创新、发电成本、政策法规等分析研究的基础上，对当年新能源发电热点问题进行了专题分析研究，对世界和中国新能源发电发展趋势进行了展望和分析。

2018 年中国新能源发电发展主要呈现以下特点：

新能源发电持续快速增长，占比超过水电，成为第二大电源。截至 2018 年底，我国新能源发电累计装机容量 3.6 亿 kW，同比增长 22%，占全国总装机容量的比重达到 19%，首次超越水电装机。13 个省份新能源发电装机容量占比超过 20%。2018 年新能源发电新增装机容量 6622 万 kW，占全国电源总新增装机容量的 54%。风电新增装机容量同比回升，太阳能光伏发电继续保持高速增长。分布式光伏发电累计装机容量突破 5000 万 kW。

新能源消纳状况持续改善。新能源发电量及占比"双升"，2018 年，我国新能源发电量 5435 亿 kW·h，同比增长 29%，占全国总发电量的 7.8%，同比提高 1.2 个百分点。10 个省份新能源发电量占比超过 10%。新能源弃电量和弃电率"双降"，2018 年，国家电网有限公司（简称"国家电网公司"）经营区新能源弃电量 268 亿 kW·h，同比下降 35%；弃电率 5.8%，同比下降 5.2 个百分点。发电利用小时数持续上升，2018 年，全国风电设备平均利用小时数 2095h，同比上升 146h；太阳能发电设备平均利用小时数 1212h，同比上升 7h。

新能源发电及并网技术取得新突破。陆上风电单机容量和轮毂高度仍持续增大。海上风电单机容量继续增加。太阳能单晶硅电池、薄膜电池、钙钛矿电池效率进一步提高，产业化太阳能单晶硅电池效率超过 21%，多晶硅电池效率达到 19.2%～20.3%。新型太阳电池技术、氢燃料电池技术、渗透能发电技术等取得重要进展。人工智能技术在智慧风电厂、智能电网等方面得到广泛应用。

---

❶ 如无特殊说明，本报告中的新能源发电仅含风电、太阳能发电，下同。

风电、光伏发电成本进一步下降。2018 年，受竞价上网政策的影响，我国风电机组市场投标均价持续下降。陆上风电投资成本仍下降，2018 年我国陆上风电投资成本约 7500 元/kW；海上风电投资成本逐步降低，2018 年平均投资成本约为 14 000～19 000 元/kW。陆上风电度电成本波动范围 0.324～0.463 元/（kW·h），海上风电平均度电成本约为 0.6886 元/（kW·h）。2018 年，光伏电池组件价格有所下降。我国大型光伏电站平均投资成本约为 4.8 元/W，比 2017 年下降了 15%。我国大型光伏电站度电成本约 0.265～0.562 元/（kW·h），平均度电成本约 0.377 元/（kW·h）。

未来我国新能源仍将保持持续增长态势。据预测，2019 年，我国风电新增装机超过 2500 万 kW，太阳能发电新增装机超过 3500 万 kW，截至 2019 年底，风电和太阳能发电累计装机容量将分别超过 2.1 亿、2.1 亿 kW。到 2030 年底，全国新能源❶发电总装机容量至少要达到 10.8 亿 kW，占全部电源装机容量的比重达到 30% 左右，其中风电装机 5.2 亿 kW 左右，太阳能发电装机约 5.3 亿 kW。

平价上网政策对新能源开发布局有较大影响。根据各地区新能源发电成本预测、年理论发电利用小时数、燃煤标杆上网电价等边界条件测算，2020 年"三北"及江苏、浙江、福建地区的风电可以实现平价上网；"三北"大部分省份的光伏电站，以及中东部分布式光伏均可实现平价上网。预计在平价政策的推动下，2020 年后风电将呈现出向"三北"地区回流的趋势，中东部地区分散式风电和海上风电的加快发展还要需要政策扶持；光伏发电项目开发仍然按"三北"地区集中式开发，以及中东部地区分布式开发相结合的方式推进。

我国海上风电发展前景广阔。海上风电具有平均风速高、利用小时数高、市场消纳空间大、适合大规模开发等优点。近年来，我国海上风电制造、建设和运维技术水平不断提高，发电成本逐年加速下降，呈现出加快规模化发展的

---

❶　此处新能源包含风电、太阳能和生物质能。

趋势，未来将具有广阔的发展前景。2019—2020 年期间海上风电迅猛发展，预计 2020 年底全国海上风电累计装机将达到 900 万 kW，远超"十三五"规划目标；"十四五"期间海上风电发展进一步提速，预计 2025 年底，海上风电累计装机容量将达到 3000 万 kW 左右。

农村废弃物利用、电气化水平提升、基础设施建设、服务体系建设是农村能源清洁低碳发展的关键问题。农村废弃物资源化利用重点以农村沼气和秸秆能源化利用为主，目前全国可用于能源化利用的废弃物资源总量约 14.2 亿 t。电气化是充分利用农村地区新能源资源的有效手段，是实现农村能源消费清洁低碳化的有效途径，可逐步提高农村能源消费利用效率和经济性。能源基础设施建设是保证能源供应的物质基础，是提供能源普遍服务的重要支撑。农村能源服务体系建设是农村能源发展的基本要素，可以融合农业生产、乡村金融等相关内容，为农村能源发展提供制度支撑和保障。

1

新能源发电开发建设情况[1]

---

[1] 数据来源：中国电力企业联合会《2018 年全国电力工业统计快报》。

1.1 新能源发电

新能源发电装机容量占比超过水电。2018 年，我国新能源累计装机容量达到 3.6 亿 kW，同比增长 22%，占全国总装机容量的比重达到 19%，如图 1-1 所示。新能源发电装机占比不断提高，2018 年风电、太阳能发电装机容量占比合计 18.9%，超过水电装机的占比（18.5%），如图 1-2 所示。新能源发电新增装机容量 6622 万 kW，占全国电源新增总新增装机容量一半以上，达到 54%。

图 1-1　2010－2018 年我国新能源发电累计装机容量和占比

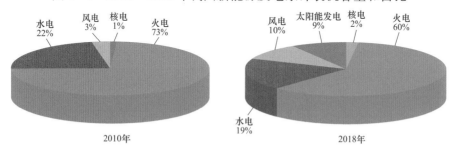

图 1-2　2010、2018 年我国电源结构对比

13 个省份新能源发电装机容量占比超过 20%。截至 2018 年底，青海、甘肃、宁夏、河北、新疆等 13 个省份新能源发电装机容量占本省电源总装机容量的比例超过 20%，如图 1-3 所示。

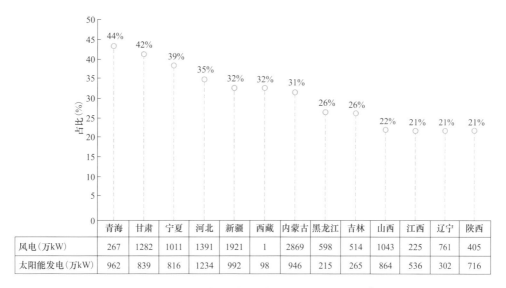

	青海	甘肃	宁夏	河北	新疆	西藏	内蒙古	黑龙江	吉林	山西	江西	辽宁	陕西
风电（万kW）	267	1282	1011	1391	1921	1	2869	598	514	1043	225	761	405
太阳能发电（万kW）	962	839	816	1234	992	98	946	215	265	864	536	302	716

图 1-3   2018 年新能源装机容量占比超过 20％的省份

继甘肃后青海新能源发电成为第一大电源。2018 年，青海新能源装机容量 1229 万 kW，占本省电源总装机容量的 43.9％，其中风电 267 万 kW，太阳能发电 962 万 kW。2018 年底青海电源结构如图 1-4 所示。

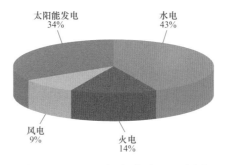

图 1-4   2018 年底青海电源结构

新能源装机向消纳较好的地区转移。2018 年，由于政策作用及市场选择，新能源装机持续向消纳较好的地区转移。东中部地区风电、太阳能装机容量占比分别提高了 8 个百分点、16 个百分点。

1.2   风电

风电装机稳步增长。2018 年，全国风电新增装机容量 2101 万 kW，同比增长 31％，风电累计装机 18 426 万 kW，同比增长 13％，占全国总装机的 9.7％。
2010－2018 年我国风电新增装机容量、累计装机容量及占比情况如图 1-5
所示。

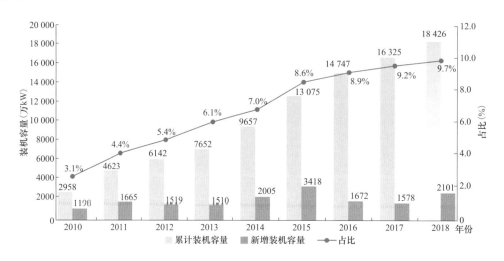

图 1-5　2010－2018 年我国风电新增装机容量、累计装机容量及占比

分区域看，我国风电主要集中在华北北部、西北区域，华东、华中、南方
区域装机容量相对较低。虽然近年来我国东部、中部各省风电装机增速提高，
但是持续多年的"北高南低"的风电装机布局短期内难以改变。

截至 2018 年底，我国累计并网容量超过 1000 万 kW 的风电大省达到 6 个，
主要集中在华北、西北区域，分别为内蒙古、新疆、甘肃、河北、山东、宁
夏。其中内蒙古风电累计并网容量最高，达到 2869 万 kW。而华中、华东各省
则相对较低，累计并网容量普遍低于 300 万 kW。

风电布局向消纳较好的东中部地区转移。2018 年，"三北"地区风电累计
装机占比较 2015 年降低了 9 个百分点，东中部地区❶提高了 8 个百分点。2015
年、2018 年风电累计装机容量分布情况对比如图 1-6 所示。

---

❶ 东中部包括湖北、湖南、河南、江西、四川、重庆、上海、江苏、浙江、安徽、福建。

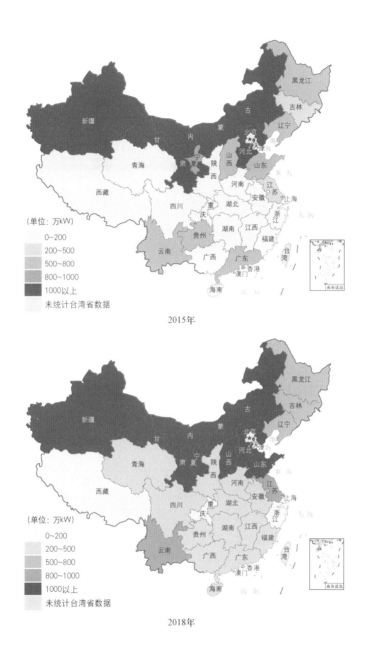

图1-6 2015、2018年风电累计装机分布

海上风电发展迅猛。截至2018年底，我国海上风电累计装机容量363万kW，同比增长63％，主要集中在江苏、上海、福建和天津。2014—2018年全国海上风电累计装机容量情况如图1-7所示。

9

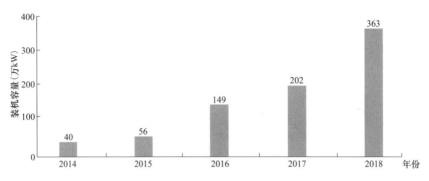

图 1-7　2014—2018 年全国海上风电累计装机容量

注：截至 2018 年底，江苏、上海、福建和天津海上风电累计装机容量分别为 303 万、31 万、20 万、9 万 kW。

1.3　太阳能发电

太阳能发电保持快速增长。2018 年，我国太阳能发电新增装机 4521 万 kW，占全部新能源新增装机容量的 68%。截至 2018 年底，太阳能发电累计装机 17 463 万 kW，同比增长 35%，占电源总装机容量的 9.2%。2010—2018 年太阳能发电累计装机容量及占比情况如图 1-8 所示。

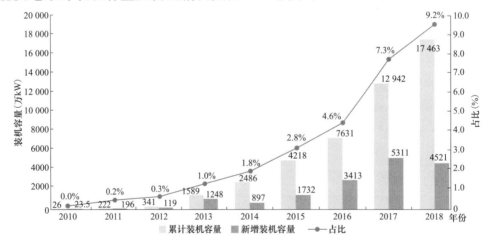

图 1-8　2010—2018 年太阳能发电累计装机容量及占比

从新增装机布局看，华东地区新增装机 1066 万 kW，占全国的 23%；华中地区新增装机为 588 万 kW，占全国的 13%；西北地区新增装机为 619 万 kW，占全国的 14%。

截至 2018 年底，山东、江苏、浙江、安徽四个省份太阳能发电累计装机容量超过 1000 万 kW。

太阳能发电布局向消纳较好的东中部地区转移。2018 年，"三北"地区太阳能累计装机占比较 2015 年降低了 16 个百分点，东中部地区提高了 16 个百分点。2015、2018 年太阳能发电累计装机分布情况对比如图 1-9 所示。

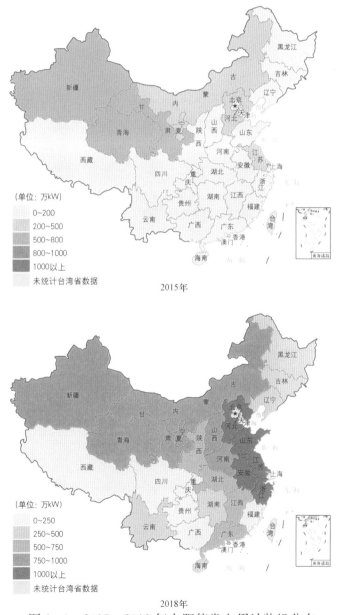

图 1-9 2015、2018 年太阳能发电累计装机分布

分布式光伏发电累计装机突破 5000 万 kW。2018 年，我国分布式光伏发电新增装机 2044 万 kW，同比增长 5%，占全部太阳能发电新增装机的 45%。截至 2018 年底，分布式光伏累计装机容量 5010 万 kW，同比增长 69%。

2018 年，国家电网公司经营区分布式光伏发电新增并网容量 1891 万 kW；累计并网容量 4701 万 kW，占全国的 94%；如图 1-10 所示。

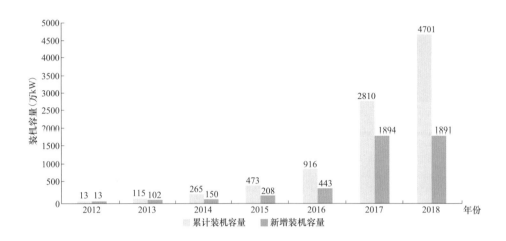

图 1-10 2012—2018 年国家电网公司经营区分布式光伏
发电累计和新增并网容量

浙江等 11 个省份分布式光伏发电累计装机容量超过 100 万 kW，其中浙江、山东、江苏超过 500 万 kW。如图 1-11 所示。

太阳能光热发电取得新进展。2018 年 10 月，中广核德令哈 5 万 kW 导热油槽式光热发电示范项目正式投运。2018 年 12 月，首航节能敦煌 10 万 kW 熔盐塔式光热电站并网发电。截至 2018 年底，我国光热发电累计装机容量达到 17 万 kW。

国家首批 20 个光热发电示范项目的延期承诺情况已经明晰，承诺继续建设的 16 个项目中，具备建设条件的均已全面复工，尚未开建的项目正加快前期开发工作。首批 20 个光热发电示范项目建设进度如表 1-1 所示。

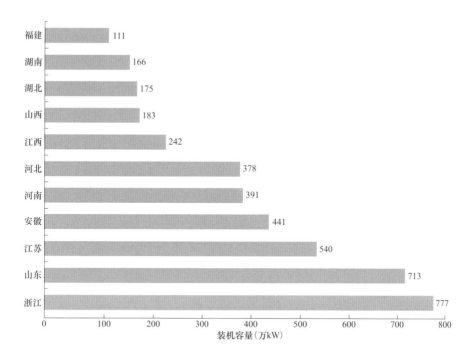

图 1-11 分布式光伏发电累计并网容量超过 100 万 kW 的省份

表 1-1 首批 20 个光热发电示范项目建设进度

项 目 名 称	建 设 进 度
首航节能敦煌 100MW 熔盐塔式光热发电项目	已并网
中控德令哈 50MW 熔盐塔式光热发电项目	已并网
中广核德令哈 50MW 导热油槽式光热发电项目	已并网
玉门鑫能 50MW 熔盐塔式光热发电项目	预计 2019 年 9 月 30 日实现镜场三个模块并网发电
金钒能源阿克塞 50MW 熔盐槽式光热发电项目	该项目力争 2019 年 6 月 30 日前全部建成且并网发电
中电工程哈密 50MW 熔盐塔式光热发电项目	该项目计划于 2019 年 6 月 30 日前投运并网
中电建西北院青海共和熔盐 50MW 塔式光热发电项目	该项目力争 2019 年 6 月 30 日前并网发电，确保 2019 年 12 月 30 日前建成投产
乌拉特中旗 100MW 导热油槽式光热发电项目	该项目计划于 2019 年 12 月底前建成并投入运行

续表

项 目 名 称	建 设 进 度
玉门龙腾 50MW 有机硅油槽式光热发电项目	该项目计划于 2019 年 12 月底前建成并投入运行
中海阳玉门东镇 50MW 导热油槽式光热发电项目	该项目计划于 2019 年 6 月 30 日前实现并网发电，目前尚未全面开建
兰州大成敦煌 50MW 熔盐菲涅尔式光热发电项目	该项目计划于 2019 年 6 月 30 日前实现并网发电
华强兆阳张家口 50MW 水工质菲涅尔光热发电项目	该项目计划于 2019 年底之前建成投产。目前尚未全面开建
中阳察北 64MW 熔盐槽式光热发电项目	该项目承诺努力在 2019 年 6—10 月之间完成全部工程建设，2019 年末完成全部调试工作，按时并网发电。目前尚未全面开建
华尚义 50MW 塔式光热发电项目	该项目计划于 2019 年底之前建成投产。目前尚未全面开建
三峡金塔 100MW 熔盐塔式光热发电项目	该项目承诺延期至 2020 年底前建成投运。目前尚未全面开建
中节能武威 100MW 导热油槽式光热发电项目	该项目承诺于 2018 年 6 月 30 日前开工建设，于 2020 年 6 月 30 日前实现并网
国华电力玉门 100MW 熔盐塔式光热发电项目	该项目已主动退出示范
国电投黄河上游水电德令哈 135MW 光热发电项目	该项目逾期未予承诺
北方联合电力乌拉特旗导热油菲涅尔式 50MW 光热发电项目	该项目逾期未予承诺
中信张北新能源水工质类菲涅尔式 50MW 光热发电项目	该项目逾期未予承诺

1.4 新能源配套电网工程建设

2018 年，国家电网公司持续加强新能源并网和送出工程建设。建成世界电压等级最高、送电距离最远的准东－皖南±1100kV 特高压直流输电工程，建成 15 条提升新能源消纳能力的重点输电通道，新能源大范围资源优化配置能力进一步提升。

（一）新能源并网及输送

2018 年，国家电网公司 750kV 及以下新能源并网及输送工程总投资 99 亿元，建成新能源并网及送出线路 5430km，满足了 506 个新能源发电项目并网和省内输送的需要。建成投运蒙东兴安－扎鲁特、新疆准北输变电及配套工程等 15 项提升新能源消纳能力的省内重点输电工程，提升新能源外送能力 370 万 kW。

吉林白城市光伏"领跑者"基地配套工程：分为大安乐胜和镇赉莲泡基地，并网项目 5 个，并网容量 50 万 kW，送出工程建成线路总长度 39.3km，总投资 5820 万元，如图 1-12 所示。

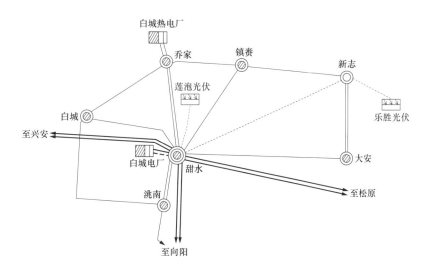

图 1-12 吉林白城市光伏"领跑者"基地配套工程

海上风电配套送出工程：2018 年，江苏省电网公司新投产海上风电总装机容量 140 万 kW，配套送出工程满足了 6 个海上风电项目并网发电的需要。新建 220kV 升压站 1 座、220kV 开关站 1 座、海底电缆 50km，如图 1 - 13 所示。

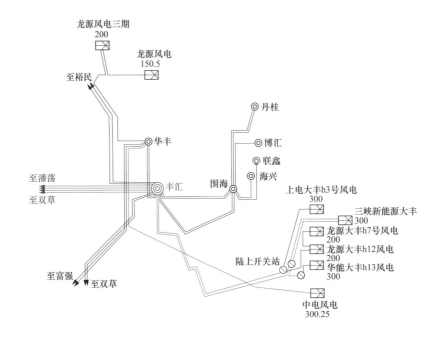

图 1 - 13   江苏省海上风电配套送出口工程

新疆准北输变电及配套工程：线路长度 2×319km，工程投资 26 亿元，新能源送出能力提高到 280 万 kW，如图 1 - 14 所示。

青海海西至主网 750kV 输电通道能力提升工程（月海柴串补）：工程投资 10.5 亿元，可以满足 80 万 kW 新能源送出需要，如图 1 - 15 所示。

（二）跨省跨区通道

提升现有通道输电能力。投产送受端调相机、提高换流站和风电场设备核定耐压能力，进一步提升哈密－郑州、酒泉－湖南、扎鲁特－山东特高压直流输电工程输送能力到 540 万、450 万、620 万 kW。

建成两项特高压跨区输电工程。投运上海庙－山东，建成准东－皖南特高

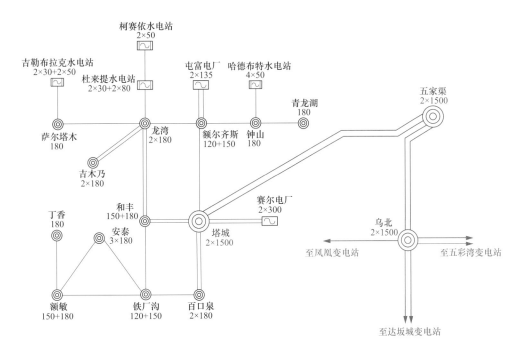

图 1-14 新疆准北输变电及配套工程

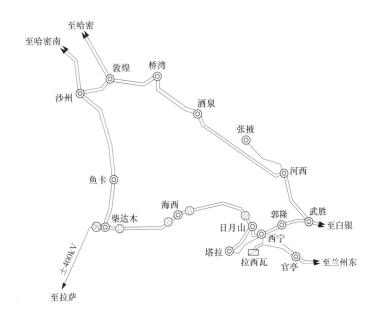

图 1-15 青海海西至主网 750kV 输电通道能力提升工程

压直流输电工程，新增输电能力 2200 万 kW。开工建设青海－河南±800kV 特
高压直流工程、张北柔直示范工程。已建在建特高压工程示意图如图 1-16
所示。

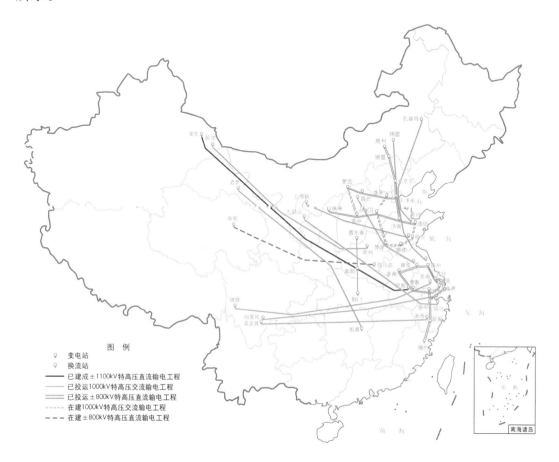

图 1-16　已建在建特高压工程示意图

2

新能源发电运行消纳情况

新能源发电量和占比"双升"。2018 年，我国新能源发电量 5435 亿 kW•h、同比增长 29%，占全国总发电量的 7.8%、同比提高 1.2 个百分点。国家电网公司经营区新能源发电量 4390 亿 kW•h，占全国的 81%。2011－2018 年我国新能源发电量及占比情况如图 2-1 所示。

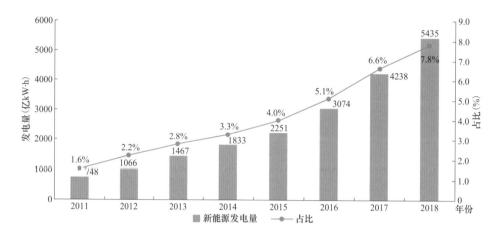

图 2-1　2011－2018 年我国新能源发电量及占比

10 个省份新能源发电量占比超过 10%。2018 年，青海等 10 个省份新能源发电量占总发电量的比例超过 10%，其中青海、甘肃 2 个省份超过 20%；内蒙古、新疆、河北 3 个省份新能源发电量突破 400 亿 kW•h。2018 年新能源发电量占总发电量比例超过 10% 的省份如表 2-1 所示。

表 2-1　　2018 年新能源发电量占总发电量比例超过 10% 的省份

省份	新能源发电量 （亿 kW•h）	总发电量 （亿 kW•h）	占总发电量比例 （%）
青海	169	805	20.9
甘肃	325	1599	20.3
宁夏	284	1614	17.6
内蒙古	762	5005	15.2
新疆	481	3231	14.9
吉林	129	871	14.8

省份	新能源发电量 （亿 kW·h）	总发电量 （亿 kW·h）	占总发电量比例 （%）
河北	409	2787	14.7
黑龙江	145	1029	14.1
西藏	9	67	12.6
辽宁	197	1926	10.2

2018 年，蒙东、宁夏、青海、甘肃等省份（地区）新能源发电量占用电量的比例与国际先进水平相当。2018 年我国重点省份新能源发电量占用电量比例与国际对比情况如图 2-2 所示。

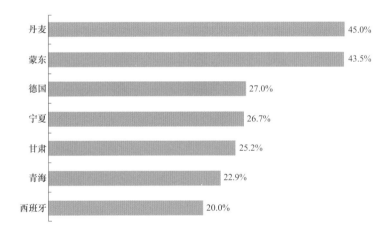

图 2-2 2018 年我国重点省份新能源发电量占用电量比例与国际对比

新能源发电利用小时数持续上升。2018 年，全国风电设备平均利用小时数为 2095h，同比上升 146h。国家电网公司经营区风电设备平均利用小时数为 2068h，同比上升 173h。2014—2018 年国家电网公司经营区风电设备平均利用小时数如图 2-3 所示。

新能源消纳矛盾持续缓解。2018 年，国家电网公司经营区新能源消纳矛盾持续缓解，新能源弃电量 268 亿 kW·h，同比下降 35%，弃电率 5.8%，同比下降 5.2 个百分点，新能源总体利用率达到 94.2%。2014—2018 年国家电网公司经营区新能源弃电量和弃电率情况如图 2‑4 所示。

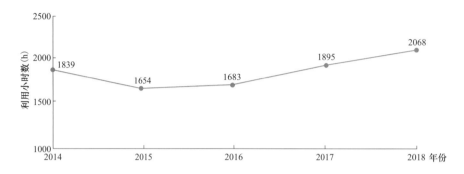

图 2‑3 2014－2018 年国家电网公司经营区风电设备平均利用小时数

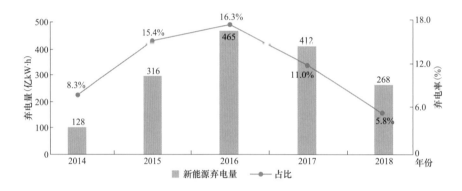

图 2‑4 2014－2018 年国家电网公司经营区新能源弃电量和弃电率

重点地区新能源消纳持续改善。2018 年甘肃新能源弃电量 64 亿 kW·h，同比下降 42％；弃电率 16.5％，同比下降 13.2 个百分点。2014－2018 年甘肃新能源弃电量和弃电率如图 2‑5 所示。

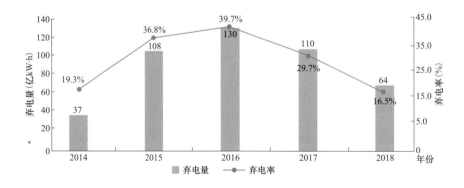

图 2‑5 2014－2018 年甘肃新能源弃电量和弃电率

2.1　新能源发电运行及利用情况

2.1.1　风电运行及利用情况

风电发电量持续增长。2018 年，风力发电量为 3660 亿 kW·h，同比增长 21%，占全国总发电量的 5.2%。国家电网公司经营区风力发电量为 2836 亿 kW·h，占全国的 77%。2011—2018 年风电发电量及占比如图 2-6 所示。

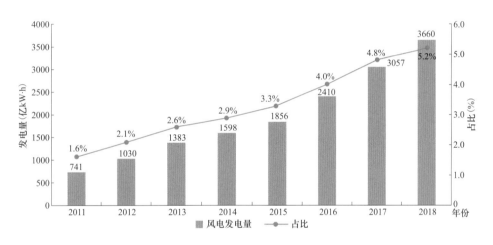

图 2-6　2011—2018 年风电发电量及占比

"三北"地区风电发电量占全国风电发电量的 79%。华北、西北和东北地区风电发电量分别为 720 亿、871 亿、616 亿 kW·h，合计占全国风电发电量的 60%。分省份看，风电累计发电量排名前十位的省（区）依次为新疆、河北、甘肃、蒙东、山东、山西、宁夏、江苏、辽宁和黑龙江。2018 年排名前十位省（区）的风电发电量及占比如图 2-7 所示。

风电发电设备利用小时数同比上升。2018 年，我国风电设备平均利用小时数为 2095h，同比上升 146h。国家电网公司经营区风电设备平均利用小时数为 2068h，同比上升 173h。华北、东北、西北风电利用小时数分别为 216、245、

141h，同比分别增加 104h、增加 2h、减少 20h。吉林、黑龙江、甘肃、蒙东、宁夏、江苏、新疆、山西等 8 个省份风电设备平均利用小时数同比增长超过 200h，如图 2-8 所示。

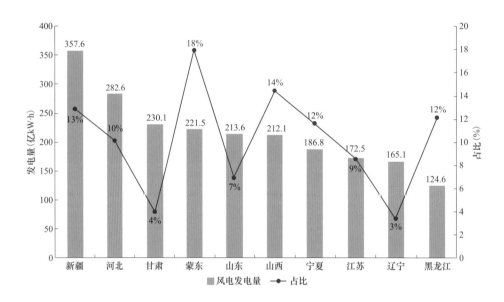

图 2-7　2018 年部分地区风电发电量及占比

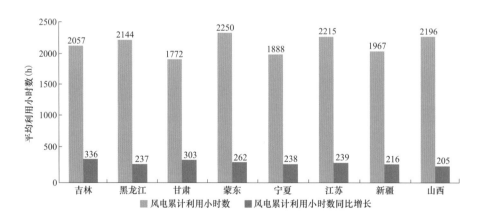

图 2-8　2018 年风电设备平均利用小时数同比增长超过 200h 的省份

风电运行消纳总体持续改善。2018 年，国家电网公司经营区 22 个省区基本不弃风，辽宁、黑龙江、山西 3 个省份弃风率降至 5％以下。2017、2018 年弃风地区分布情况如图 2-9 所示。

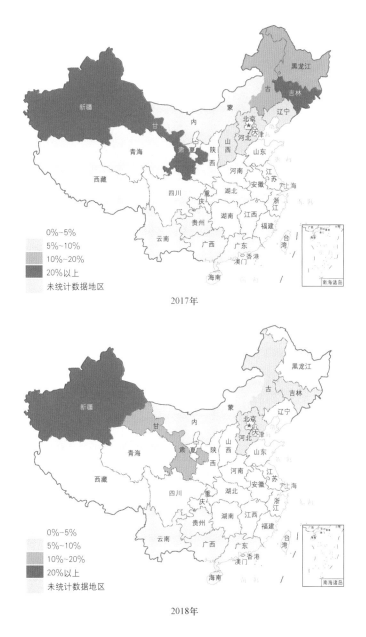

2017年

2018年

图 2-9 2017、2018 年弃风地区分布

"三北"地区风电消纳明显好转。 西北地区弃风电量同比下降 28%，弃风率同比下降 8.5 个百分点；东北地区弃风电量同比下降 63%，弃风率同比下降 8.2 个百分点；华北地区弃风电量同比下降 37%，弃风率同比下降 2.6 个百分点。

25

2018 年新疆新能源弃电量 128 亿 kW·h，同比下降 20％；弃电率 21.3％，同比下降 6.5 个百分点。2014－2018 年新疆新能源弃电量和弃电率如图 2-10 所示。

图 2-10　2014－2018 年新疆新能源弃电量和弃电率

2.1.2　太阳能发电运行及利用情况

太阳能发电量持续增长。太阳能发电量 1775 亿 kW·h，同比增长 52％，占全国总发电量的 2.5％。国家电网公司经营区太阳能发电量 1554 亿 kW·h，占全国的 88％。2011－2018 年我国太阳能发电量及占比如图 2-11 所示。

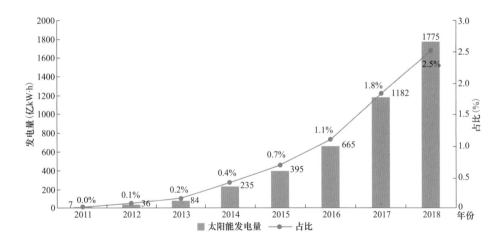

图 2-11　2011－2018 年我国太阳能发电量及占比

太阳能发电量主要集中在西北地区。分地区看，西北地区太阳能发电量

498 亿 kW·h，同比增长 23%。2018 年西北地区各月太阳能发电量与同比增速如图 2-12 所示。分省份看，2018 年太阳能发电量最多的 6 个省（区）依次为山东、青海、江苏、新疆、安徽和浙江，太阳能发电量分别为 136 亿、131 亿、119 亿、116 亿、104 亿、100 亿 kW·h。

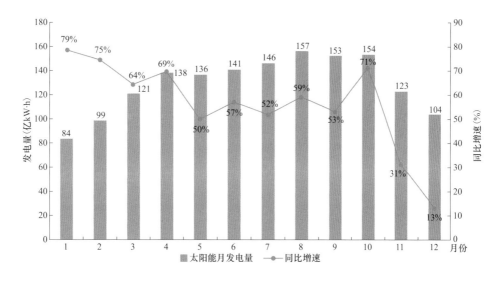

图 2-12　西北地区 2018 年各月太阳能发电量与同比增速

太阳能发电设备利用小时数同比上升。2018 年，全国太阳能发电设备平均利用小时数 1212h，同比上升 7h。国家电网公司经营区太阳能发电设备平均利用小时数 1145h，同比上升 32h，如图 2-13 所示。

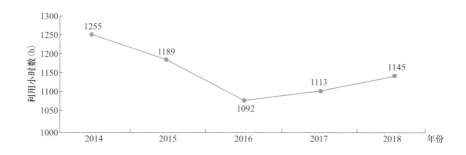

图 2-13　2018 年国家电网公司经营区太阳能发电设备平均利用小时数

2018 年华北地区太阳能发电设备利用小时数 1157h，同比上升 5h。华东地区太阳能发电设备利用小时数 975h，同比上升 84h，其中江苏太阳能利用小时数 998h，同比上升 17h。西北地区太阳能发电设备利用小时数 1338h，同比上升 74h，其中，甘肃、新疆太阳能发电设备利用小时数同比分别上升 199、132h。2018 年主要省（区）太阳能发电设备利用小时数如图 2-14 所示。

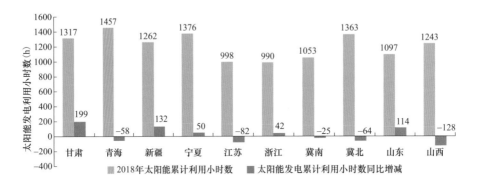

图 2-14　2018 年主要省（区）太阳能发电设备累计利用小时数

弃光电量、弃光率同比下降。2018 年全国因弃光限电造成的损失电量约为 67 亿 kW·h，同比下降 2%；弃光率 6.3%，同比下降 4.7 个百分点。2018 年，国家电网公司经营区 24 个省区基本不弃光。辽宁、黑龙江、山西 3 个省份弃光率降至 5% 以下。2017、2018 年弃光地区分布如图 2-15 所示。

图 2-15　2017、2018 年弃光地区分布（一）

2018年

图 2-15　2017、2018 年弃光地区分布（二）

西北地区弃光矛盾持续缓解。西北地区弃光电量同比下降 28%，弃光率同比下降 5.1 个百分点。其中，甘肃、新疆弃光电量同比分别下降 44%、24%，弃光率同比分别下降 10.4、6.1 个百分点。2014—2018 年西北地区弃光电量和弃光率如图 2-16 所示。

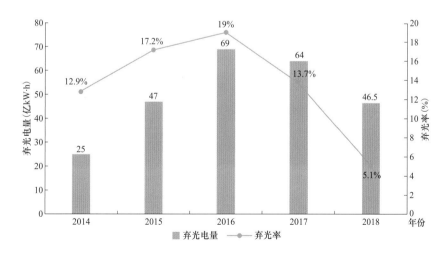

图 2-16　2014—2018 年西北地区弃光电量和弃光率

2.2 新能源发电消纳监测评价指数分析

2.2.1 指数编制方法

（一）新能源发电消纳监测评价指标

新能源发电消纳监测评价指数反映各地区风电与太阳能发电消纳状况。为了科学定量评估不同地区新能源发电消纳水平，综合考虑新能源弃电率、年利用小时数、消纳比重等三个指标，对近年主要地区新能源发电消纳状况进行评估。新能源发电消纳监测评估分析的具体指标及内涵如下：

弃电率：新能源弃电量与新能源理论发电量（新能源发电量与弃电量之和）之比，反映不同地区新能源弃电程度。

年利用小时数：平均发电设备容量在满负荷运行条件下的年度运行小时数，即年发电量与平均装机容量之比，反映不同地区新能源发电设备利用率。

新能源发电消纳比重：本地区消纳的新能源电量占本地区全社会用电量的比重，反映该地区消纳新能源电量的能力和水平。其中，本地区消纳新能源电量为本地区新能源发电量加上或扣减跨省区新能源受入/外送电量。

（二）新能源发电消纳监测评价指数模型

采用插值法计算新能源发电消纳监测评价各指标分值，并通过加权平均得到各地区新能源发电消纳监测评价指数。基于专家咨询调研法，确定新能源弃电率、年利用小时数、新能源发电消纳比重三个指标的权重分别为 0.4、0.3、0.3。设置新能源发电消纳监测评价指数的评价范围分为三个等级（0~40、40~65、65~100），分别对应红色、橙色、绿色三个评价等级。新能源发电消纳监测评价指数的临界值和对应的指数分级标准根据国家能源局出台的《风电投资监测预警指标计算方法》《光伏发电市场环境监测评价方法及标准》等相关规定确定，具体见表 2-2。

表 2-2　　　　　　　　　新能源发电消纳监测评价指标分级临界值

消纳监测 评价指数	资源区	新能源弃电率 （%）	年利用小时数 （h）	新能源发电 消纳比重（%）
0～40	I	20～40	风：1800～2200 光：800～1200	0～5
	II		风：1600～2000 光：700～900	
	III		风：1400～1800 光：500～700	
	IV		风：1100～1500 光：400～600	
40～65	I	10～20	风：2200～2400 光：1200～1500	5～15
	II		风：2000～2200 光：900～1200	
	III		风：1800～2000 光：700～1000	
	IV		风：1500～1800 光：600～900	
65～100	I	0～10	风：2400～2800 光：1500～1700	15～30
	II		风：2200～2600 光：1200～1400	
	III		风：2000～2400 光：1000～1200	
	IV		风：1800～2200 光：900～1100	

2.2.2　指数计算结果

（一）西北地区

西北地区新能源发电消纳监测评价指数持续两年为橙色评价结果，甘肃和

新疆红色消纳监测评价结果尚未改善。 2015—2016 年，受电源装机严重过剩、跨省跨区输送通道和调峰能力不足、市场机制不完善等因素影响，西北地区新能源消纳监测评价结果为红色，甘肃和新疆地区的监测评价指数最低，消纳形势严峻，如表 2-3 所示。2017 年以来，西北电网采取严格并网管理、区域电网旋转备用共享机制、优先调度新能源发电等举措积极促进新能源消纳，新能源消纳状况得到缓解，保持两年橙色评价结果。甘肃和新疆地区监测评价指数低于其他省份，评价结果仍为红色。

表 2-3   西北地区新能源发电消纳监测评价指数

地区	2014 年	2015 年	2016 年	2017 年	2018 年
西北地区	54.53	30.88	27.96	41.88	10.35
陕西	67.84	69.92	64.67	66.31	67.35
甘肃	32.70	14.08	10.68	26.36	38.14
青海	78.10	82.77	72.74	78.48	79.36
宁夏	77.25	56.47	56.52	67.60	65.55
新疆	61.01	27.26	18.08	36.74	39.68

（1）甘肃。

2014—2018 年，甘肃地区新能源消纳较为严峻，2017 年以来新能源发电消纳监测评价指数有所提升，但仍处于红色评价区间。 分指标看，①甘肃的新能源弃电率较高，导致新能源弃电率分指标一直处于较低水平。近两年来，甘肃新能源弃电率持续下降，较 2016 年下降 20% 左右，但仍高达 16.5%，如图 2-17 所示；②甘肃风电年利用小时数持续回升，但仍低于全国平均水平，如图 2-18 所示；③2014 年以来，甘肃新能源消纳比重保持小幅增长，2018 年甘肃新能源发电消纳比重为 14.50%，如图 2-19 所示。可见，甘肃新能源较高的弃电水平和较低的年利用小时数，导致新能源消纳监测评价结果一直为红色。

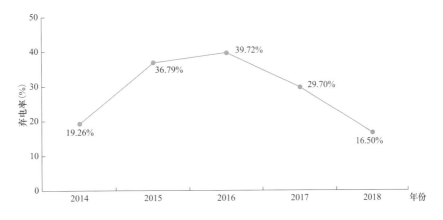

图 2-17　2014-2018 年甘肃新能源弃电率

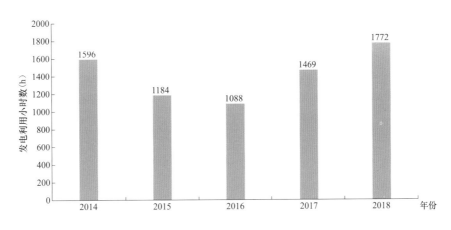

图 2-18　2014-2018 年甘肃风电年利用小时数

（2）新疆。

2015-2018 年，新疆新能源消纳指数持续红色预警区间，2018 年消纳监测评价指数进一步提高，但形势仍然严峻。 ①新疆弃风限电问题逐渐缓解，但弃电形势依然严峻，2018 年新疆新能源弃电率仍高达 21.30%，如图 2-20 所示；②2017 年以来，新疆弃风限电问题逐步缓解，风电利用小时数由 2016 年的 1290h 提高至 2018 年的 1967h，逐渐接近全国水平，如图 2-21 所示；③2014 年以来，新疆新能源消纳比重保持小幅增长趋势，2018 年新疆新能源发电消纳比重为 13.90%，但由于新能源弃电率形势严峻，对新能源消纳监测评价结果影响较大，2018 年新疆新能源发电消纳评价结果为红色，如图 2-22 所示。

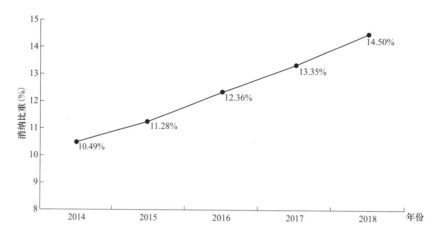

图 2-19 2014－2018 年甘肃新能源发电消纳比重

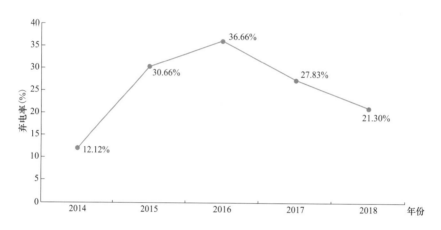

图 2-20 2014－2018 年新疆新能源弃电率

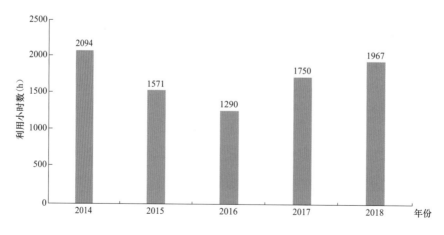

图 2-21 2014－2018 年新疆风电年利用小时数

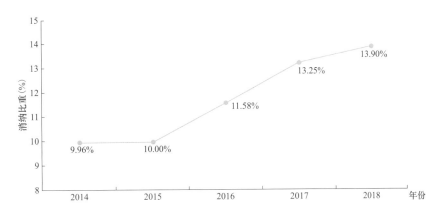

图 2 - 22　2014－2018 年新疆新能源发电消纳比重

（二）东北地区

2018 年东北地区新能源发电消纳形势取得明显好转，东北全域新能源发电消纳监测评价指数均处于绿色评价区间。2015－2016 年，受电源装机严重过剩、火电供热运行约束、调峰能力不足、市场机制不完善等因素影响，东北地区新能源发电消纳监测评价指数持续较低水平，评价结果分别为红色和橙色，如表 2 - 4 所示。2017－2018 年，东北电网采取严格并网管理、加强火电机组调峰能力管理、优化调度运行、推动电能替代等举措，积极促进新能源消纳，东北地区新能源消纳状况有所改善，监测评价指数提高到 68.53，评价结果由2017 年的橙色转变为绿色。

表 2 - 4　　　东北地区新能源发电消纳监测评价指数

地区	2014 年	2015 年	2016 年	2017 年	2018 年
东北地区	49.39	39.97	41.69	63.38	68.53
辽宁	61.02	54.94	61.60	73.40	75.31
吉林	36.87	22.43	21.70	39.98	61.35
黑龙江	47.01	29.65	37.04	58.95	64.39
蒙东	61.76	56.91	49.60	66.89	69.15

（三）华北地区

华北地区新能源发电消纳形势整体较好，2014－2018 年监测评价指数均大于 65，评价结果均为绿色；除蒙西外，其他地区评价结果均为绿色和橙色，如表 2-5 所示。

表 2-5　　　　　　华北地区新能源发电消纳监测评价指数

地区	2014 年	2015 年	2016 年	2017 年	2018 年
华北地区	68.71	67.28	73.99	78.70	79.12
北京	69.33	58.12	54.98	65.67	65.32
天津	64.92	71.28	61.51	68.73	69.34
冀北	63.77	66.69	75.50	81.15	81.69
河北	54.48	63.55	67.77	72.00	73.45
山西	70.35	62.28	70.81	77.18	78.97
山东	67.99	70.05	71.67	70.80	65.23
蒙西	55.89	39.69	38.50	58.83	62.41

（四）其他地区

华东、华中、西南地区新能源发电消纳监测评价结果良好，除个别地区由于新能源发电消纳比重较低导致评价结果为橙色外，其他地区评价结果均为绿色，如表 2-6 所示。

表 2-6　　　　　　其他区域新能源发电消纳监测评价指数

地区	2014 年	2015 年	2016 年	2017 年	2018 年
华东	69.93	66.39	70.98	74.18	75.24
上海	69.03	65.94	69.04	72.05	72.97
江苏	70.19	65.34	70.81	75.46	76.46
浙江	68.33	60.59	67.77	68.82	69.87
安徽	56.94	58.62	71.06	75.03	75.89
福建	80.38	84.92	81.60	87.23	84.46
华中	66.22	68.53	67.61	74.36	73.46
湖北	67.43	66.41	71.13	74.85	71.69

续表

地区	2014 年	2015 年	2016 年	2017 年	2018 年
湖南	59.02	70.81	70.22	75.70	73.46
河南	68.31	62.13	59.90	70.32	71.68
江西	63.20	66.46	67.75	72.39	75.86
西南	70.45	72.99	80.50	79.64	76.37
四川	77.28	77.02	80.97	84.00	82.14
重庆	62.86	68.40	65.85	72.99	71.68
西藏	76.63	77.86	75.91	62.42	55.64

3

新能源发电技术和成本

3.1　新能源发电技术

3.1.1　风力发电技术

陆上风机单机容量和轮毂高度持续增大。从 20 世纪 80 年代开始，发达国家在风力发电机组研制方向取得巨大进展，全球最大单机容量 75kW，轮毂高度 20m。90 年代，单机容量达到 300～750kW，轮毂高度约 30～60m，并在大中型风电场中成为主导机型。进入 21 世纪以来，为获取更多的风能资源，有效利用土地，单机容量在兆瓦级以上、轮毂高度约 70～100m 的风电机组逐渐成为主力机组。2010 年后，风机轮毂高度超过 100m。2018 年，全球风电机组平均容量超过 2500kW，平均轮毂高度超过 120m。

海上风机单机容量继续增加。2018 年，欧洲新安装的海上风机平均单机容量达到 6.8MW，而 2017 年单机容量仅为 5.9MW。丹麦 Vestas 公司研发了全球最大的海上风电机组，单机容量达到 8.8MW，并于 2018 年 4 月 9 日完成了首台机组安装；德国 Siemens 公司的 SWT154 型 7MW 风机也已进入量产阶段；Adwen 公司 AD－180 型 8MW 机组传动链的初始测试已完成。2018 年 9 月，三菱-维斯塔斯（MHI Vestas）在德国汉堡风能展期间发布了单机容量最大的风力发电机 V164－10.0MW，标志着风电整机行业迈入两位数时代。

3.1.2　太阳能电池技术

（一）晶硅电池技术

目前晶硅太阳电池主要分为单晶硅太阳电池、多晶硅太阳电池，以及新兴的准单晶电池，但目前后者还主要处于研究层面，单晶硅电池和多晶硅电池在市场上仍占有较大比重。然而，尽管其光电转换效率与最初相比已经有极大提高，但仍与理论极限效率相差甚远，提高晶硅电池光电转化率是当前研究的重点。

当前，PERC 技术对光伏电池转换效率提升显著。据《中国光伏产业发展路线图》统计和预测，2018 年我国 BSF－P 型单晶、PERC－P 型单晶电池的平均效率分别为 20.6%、21.8%，P 型单晶电池应用 PERC 效率提升约为 1.2%，如图 3－1 所示。

图 3－1　2017－2025 年我国 BSF－P、PERC－P 型单晶电池效率

2018 年，我国 BSF 多晶黑硅、PERC 多晶黑硅电池的平均效率分别为 19.2%、20.3%，多晶黑硅电池效率提升约 1.1%。未来，我国 P 型单晶电池将全面应用 PERC 技术，至 2025 年平均效率预计达到 23.0%，相应 2025 年我国 PERC 多晶黑硅电池的平均效率预计达到 21.6%，如图 3－2 所示。西安隆基硅材料股份有限公司于 2019 年 1 月 16 日率先达到单晶电池 24.06% 的光电转换效率，创造了量产光伏电池效率的新纪录。

（二）薄膜电池技术

薄膜太阳能电池具有衰减低、重量轻、材料消耗少、制备能耗低等特点，目前能够商品化的薄膜电池主要包括碲化镉（CdTe）、铜铟镓硒（CIGS）、砷化镓（GaAS）等。

碲化镉（CdTe）薄膜电池：2018 年，CdTe 组件量产平均效率约为 14%，2020 年有望达到 16%，见表 3－1。

图 3-2　2017—2025 年我国 BSF、PERC 多晶黑硅电池效率

表 3-1　　2018—2025 年国内 CdTe 薄膜太阳能电池转换效率变化趋势

项目	2018 年	2019 年	2020 年	2021 年	2023 年	2025 年
小电池片实验室最高转换效率	18％	19％	20％	21％	23％	25％
组件量产最高转换效率	14.5％	15.5％	16.5％	17.5％	19％	21％
组件量产平均转换效率	14％	15％	16％	17％	18％	20％

铜铟镓硒（CIGS）薄膜电池： 2018 年量产的玻璃基 CIGS 组件平均转换效率提升到 16％，柔性 CIGS 组件量产平均转换效率为 16.5％。预计到 2020 年，CIGS 小电池片的实验室效率有望达到 24％，组件量产平均效率达到 18％，见表 3-2。未来，在大面积均匀镀膜、快速工艺流程、更高效镀膜设备的开发和生产良率的提高、规模经济效益发挥等因素共同带动下，CIGS 薄膜电池生产成本有望进一步下降。

表 3-2　2018—2025 年国内 CIGS 薄膜太阳能电池转换效率变化趋势

项目	2018 年	2019 年	2020 年	2021 年	2023 年	2025 年
小电池片实验室最高转换效率（≥1cm² 孔径面积效率）	21.2％	23.0％	24.0％	24.5％	25.0％	26.0％
玻璃基组件量产最高转换效率（全面积效率）	17.5％	18.5％	19.5％	20.0％	21.0％	22.0％

项目	2018 年	2019 年	2020 年	2021 年	2023 年	2025 年
玻璃基组件量产平均转换效率（全面积效率）	16.0%	17.0%	18.0%	18.5%	19.0%	20.0%
柔性小组件最高转换效率（孔径面积效率）	17.9%	19.0%	20.0%	20.5%	21.0%	22.0%
柔性组件量产平均转换效率（孔径面积效率）	16.5%	18.0%	18.5%	19.0%	20.0%	20.5%

注　柔性组件为开口面积效率。

Ⅲ-Ⅴ族薄膜电池：主要应用于空间高效太阳电池。较为成熟的电池结构有晶格匹配的单结 GaAs 电池、晶格匹配的 GaInP/GaAs 双结电池，以及晶格失配的 GaInP/GaAs/GaInAs 三结电池。由于该领域的设备及技术具有独特性，进行研发的研究机构及企业较少。预计到 2019 年，双结电池研发效率达到 33%左右，三结电池的研发效率大于 36%，见表 3-3。

表 3-3　　2018-2025 年国内Ⅲ-Ⅴ族薄膜太阳能电池转换效率变化趋势

项目	2018 年	2019 年	2020 年	2021 年	2023 年	2025 年
小电池片单结实验室最高转换效率（≥1cm² 孔径面积效率）	29.1%	29.4%	30.0%	30.0%	30.0%	30.0%
小电池片单结量产转换效率（量产产线产出的芯片的平均孔径面积效率）	27.0%	28.0%	28.3%	28.4%	28.5%	29.0%
小电池片双结实验室最高转换效率（≥1cm² 孔径面积效率）	31.6%	33.0%	33.5%	33.5%	33.5%	33.5%
小电池片三结实验室最高转换效率（≥1cm² 孔径面积效率）	34.5%	36.0%	38.0%	39.0%	39.0%	39.0%
高倍聚光三结及三结以上实验室最高转换效率（孔径面积效率）	41.0%	42.0%	45.0%	46.0%	48.0%	50.0%

3.1.3　其他发电及支撑技术

（一）渗透能发电技术

渗透能发电就是以不同浓度的溶液之间的水压差而产生的能量发电，这是一种新型的清洁能源。类似于淡水和海水，这两种高低盐度的溶液表面相互接触时，如果用一层半透明膜进行隔断，这时候就会产生压差，而淡水的水分子就会渗透过半透明的膜，与此同时就会对这层半透明的隔膜产生渗透压，也就有了渗透能。如果在海水的入口放置一个涡轮发动机，就可以利用这种涡轮机的推动来发电。

挪威国家电力公司 Statkraft 于 2009 年研制出世界上第一台渗透能发电机，而且还计划在未来修建一座渗透能发电站，如图 3-3 所示，以此来进行规模化的研究和推广渗透能。随后各国纷纷参与渗透能发电技术的研究，荷兰在 2014 年底建成了首家盐差能试验电厂，这家电厂装有 400m² 的半渗透膜，每小时可处理 22 万 L 海水和 22 万 L 淡水，半渗透膜的发电功率为 1.3W/m²。

图 3-3　挪威国家电力公司 Statkraft 渗透能发电站

（二）荧光太阳能聚光器（LSC）

太阳能窗户技术是为了实现 2020 年所有商业建筑或政府建筑要达到能源低碳的目标而发展起来的。但是将太阳能电池和窗户玻璃直接结合的难度是很大的，太阳能荧光聚光器（LSC）的提出解决了这个问题。LSC 是把生色团（如荧光染料或量子点）分散在玻璃或者聚合物的导光板中，用以捕获太阳光后将其转变为荧光光子,将其重新导向装置边缘的一种光学器件(PV),如图 3-4 所示。2018 年,美国的 UbiQD 公司研制了一种基于"红外量子荧光团"的荧光太阳能聚光器,该种 LSC 的特征是"色彩中性",即透过窗户所看到的物品颜色并不会改变。

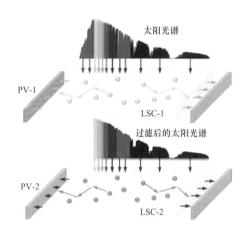

图 3-4　通过将 LSC 玻璃与热敏元件结合而装备的智能窗

(三)人工智能与大数据在智慧风电场建设的应用

2018 年 12 月,在风电大数据应用与智慧风电场建设论坛上,中国船舶重工集团海装风电股份有限公司展示了如何运用大数据智慧服务平台管理风电场的案例,主要依赖于 LiGa 平台风资源系统实现。

LiGa 平台包含风资源分析系统、大数据(智能健康管理)、风机设备运维管理系统三大板块,形成大数据采集存储管理、风资源评估及宏观微观选址、风电场智能运维等全产业链的数字化运营管理能力,最终实现风电场无人值守,从选址、运维等方面助力降本增效。依托 LiGa 大数据服务平台,针对不同地域、不同气候环境、不同机组的运行情况,从"风机技术、应急预案、环境监测、业主需求"等方面制订定制化措施,如图 3-5 所示。

目前,中国船舶重工集团海装风电股份有限公司已开始正式开展工信部 2018 年制造业与互联网融合发展重点工业产品和设备新能源上云试点示范项目

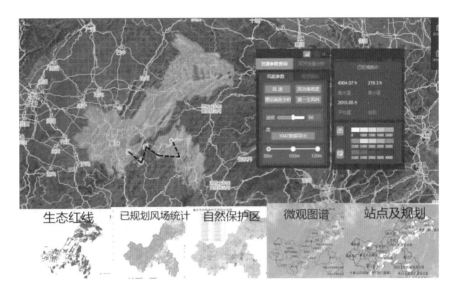

图 3 - 5　LiGa 平台的宏观资源规划

的相关工作，计划 2020 年全面实现借助大数据人工智能手段进行海装风场远程云端综合的智能运维应用及风场智慧化运营维护，全面有效提升风机的发电效率至少 3%～5% 以上，保障风机无忧运行，深化故障预测与健康管理技术在风电装备上的应用。

3.2　新能源发电成本

3.2.1　风电成本

（一）风机单位造价

机组价格。2018 年，受竞价上网政策的影响，我国风电机组市场投标均价下降。2018 年上半年，2.0MW 机型投标价已经降至 3200 元/kW 左右，2.5MW 机型投标价格也降至 3500 元/kW 以下。直至 9 月份，风机招标价格开始略有回升。11 月，2.0MW 机型招标价相比 9 月上涨了 100～150 元/W。中国风电设备公开招标市场月度公开风机投标均价如图 3 - 6 所示。

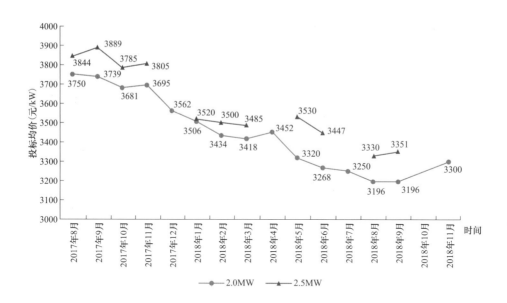

图 3-6　中国风电设备公开招标市场月度公开风机投标均价

数据来源：金风科技。

（二）风电投资成本

陆上风电投资成本。陆上风电受土地资源和建设条件的影响，土地和建设成本略有上升，但机组价格下降明显，总体仍呈现下降趋势。2018 年我国风电单位千瓦投资成本约 7500 元/kW，同比下降约 6%。

海上风电投资成本。促使海上风电发展的原因之一，是近年风电投资成本及运行维护成本呈现不断下降趋势。**统计 2018 年核准、开工的海上风电项目，平均投资成本约为 14 000～19 000 元/kW**，具体情况见表 3-4。

表 3-4　　　　我国在建海上风电项目单位千瓦造价情况

项　目　名　称	单位千瓦造价（元/kW）
华电玉环 1 号海上风电场项目	16 917
粤电珠海金湾海上风电项目	18 900
广东粤电湛江外罗海上风电项目	18 500
中电投大丰 H3 海上风电项目	14 550

项　目　名　称	单位千瓦造价 （元/kW）
嘉兴 1 号海上风电项目	18 607
三峡广东阳江市阳西沙扒海上风电项目	18 963
上海临港海上风电一期示范项目	15 804

（三）度电成本

2018 年，我国陆上风电项目平均度电成本约为 49～70 美元/（MW·h）❶ ［折合人民币约 0.324～0.463 元/（kW·h）］，平均度电成本 57 美元/（MW·h）［折合人民币约 0.377 元/（kW·h）］，与 2017 年相比小幅下降。

2018 年上半年，我国海上风电项目平均度电成本约为 90 美元/（MW·h）［折合人民币约 0.596 元/（kW·h）］；随着项目进一步远离海岸进入更深的水域，成本逐渐上升，2018 年下半年，我国海上风电项目平均度电成本上涨了 19%，达到 104 美元/（MW·h）［折合人民币约 0.688 元/（kW·h）］。全年平均度电成本约为 0.64 元/（kW·h）。

3.2.2 太阳能发电成本

（一）光伏发电

（1）光伏组件价格。

2018 年，虽然领跑者项目所需的高效 PERC 电池片订单满载，普通效率的单晶 PERC 电池片也因为年底的小幅抢装而需求稳定，但单晶硅片的跌价让订单火热的单晶 PERC 电池片涨幅暂缓，**目前转换效率 21.5% 双面发电的 PERC 电池片价格 1.25 元/W，21.4% 的常规 PERC 电池片价格在 1.1～1.16 元/W 之间**。

---

❶　数据来源：BNEF，下同。

多晶电池片部分，受到海外市场也有不少项目须在年底前赶装完毕的影响，多晶电池片的需求稍有增温；但若比较多晶电池片的庞大产能，**目前多晶电池片的市场仍呈现供过于求的态势，价格只能勉为持稳，18.6% 及以上的多晶电池片价格仍大多落在 0.85～0.88 元／W 区间。**

截至 2018 年底，275W 多晶组件均价约为 1.86 元/W，285W 单晶组件均价约为 1.93 元/W，300W 单晶 PERC 组件均价约为 2.15 元/W，见表 3-5。

表 3-5　　　　　　　　　　太阳能电池片、组件价格

类　　型	现货价格（高/低/均价）			涨跌幅（%）	涨跌幅（美元）
多晶硅（kg）					
多晶硅 一级料（美元）	9.0	8.3	8.9	−1.1	−0.100
多晶硅 菜花料（人民币）	74	72	73	−1.4	−1.000
多晶硅 致密料（人民币）	82	78	80	—	—
硅片（pc）					
多晶硅片-金刚线（美元）	0.268	0.265	0.265	−0.4	−0.001
多晶硅片-金刚线（人民币）	2.100	2.050	2.060	—	—
单晶硅片-180 μm（美元）	0.390	0.388	0.390	—	—
单晶硅片-180 μm（人民币）	3.100	3.000	3.050	—	—
电池片（W）					
多晶电池片-金刚线-18.7%（美元）	0.115	0.106	0.109	—	—
多晶电池片-金刚线-18.7%（人民币）	0.890	0.860	0.880	—	—
单晶电池片-20%（美元）	0.129	0.125	0.128	—	—
单晶电池片-20%（人民币）	0.990	0.970	0.980	—	—
单晶 PERC 电池片-21.4%（美元）	0.175	0.150	0.152	—	—
单晶 PERC 电池片-21.4%（人民币）	1.250	1.180	1.200	—	—
单晶 PERC 电池片-21.5%＋（美元）	0.175	0.155	0.160	—	—
单晶 PERC 电池片-21.5%＋（人民币）	1.300	1.250	1.250	—	—

续表

类　　型	现货价格（高/低/均价）			涨跌幅（%）	涨跌幅（美元）
单晶 PERC 电池片-21.5％＋双面（美元）	0.175	0.160	0.165	—	—
单晶 PERC 电池片-21.5％＋双面（人民币）	1.300	1.250	1.280	—	—
组件（W）					
275W 多晶组件（美元）	0.330	0.215	0.225		
275W 多晶组件（人民币）	1.900	1.800	1.860		
285W 多晶组件（美元）	0.350	0.238	0.239		
285W 多晶组件（人民币）	1.960	1.920	1.930		
300/305W 单晶 PERC 组件（美元）	0.400	0.260	0.263		
300/305W 单晶 PERC 组件（人民币）	2.200	2.100	2.150		
310W 单晶 PERC 组件（美元）	0.400	0.275	0.281		
310W 单晶 PERC 组件（人民币）	2.300	2.200	2.250		

（2）光伏电站投资成本。

据统计，2018 年上半年以来，由于组件价格的下降，使得我国大型光伏电站的设备成本下降了 30％，同时开发商之间的竞争也使运营和维护成本下降了 20％。**2018 年，我国大型光伏电站平均投资成本约为 4.8 元/W，比 2017 年下降了 15％。**

（3）度电成本。

2018 年，我国大型光伏电站度电成本为 40～85 美元/（MW·h）〔折合人民币 0.265～0.562 元/（kW·h）〕，平均度电成本为 57 美元/（MW·h）〔折合人民币 0.377 元/（kW·h）〕。

（二）光热发电

截至 2018 年 10 月，首批示范项目中尚有 9 个项目处于建设阶段。统计目前在运在建项目的造价情况，**我国光热发电项目平均单位千瓦造价约为 23 000～38 000 元/kW。**具体情况见表 3-6。

表 3-6　　　我国在运在建光热发电示范项目单位千瓦造价情况

项目名称	技术类型	装机规模 （万 kW）	单位千瓦造价 （元/kW）
黄河上游水电开发有限责任公司 德令哈光热发电项目一期	水工质塔式	13.5	23 600
玉门鑫能光热发电项目	熔盐塔式	5	30 000
玉门鑫能光热发电项目	二次反射 50MW 熔盐塔式	5	35 800
中核龙腾乌拉特中旗光热发电项目	导热油槽式	10	28 000
中电工程哈密光热发电项目	熔盐塔式	5	31 600
中广核德令哈光热发电项目（已并网）	槽式	5	38 760

3.2.3　未来成本变化趋势

（一）风电成本变化趋势

（1）陆上风电。

2019 年我国风电机组投标价已降至 3000 元左右，长期看风机价格下降空间有限，将基本保持平稳。 成本下降的主要动力来源于技术进步和风机选型。

据彭博新能源财经最新预测，到 2020 年，我国陆上风电度电成本将下降到 45～60 美元/（MW·h）［折合人民币 0.30～0.40 元/（kW·h）］。到 2025 年将下降到 35～45 美元/（MW·h）［折合人民币 0.23～0.30 元/（kW·h）］。到 2030 年将下降到 30～35 美元/（MW·h）［折合人民币 0.20～0.23 元/（kW·h）］。具体如图 3-7 所示。

（2）海上风电。

随着海上风机制造商日益增多、海上风机的批量化生产，海上风电机组设备投资成本将会有 1000～2000 元的下降空间。预计 2020 年、2030 年和 2050 年，海上风电机组设备投资成本将降至 14 000、12 000 元/kW 和 10 000 元/kW。

据彭博新能源财经最新预测，2020—2025 年是我国海上风电度电成本大幅

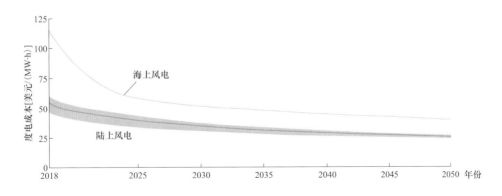

图 3 - 7　我国风电成本变化趋势

数据来源：BNEF。

下降的时期，2020 年，我国海上风电度电成本将下降到约 85 美元/（MW·h）[折合人民币约 0.56 元/（kW·h）]，到 2025 年将下降到约 62 美元/（MW·h）[折合人民币约 0.41 元/（kW·h）]，到 2030 年将下降到约 50 美元/（MW·h）[折合人民币约 0.33 元/（kW·h）]。

（二）光伏发电成本变化趋势

2019 年我国大型光伏电站平均投资有望降至 4.5 元/W 以下，到 2020 年可下降至 4 元/W 左右[1]。考虑部分电站为提高发电小时数，会引入容配比设计、跟踪系统、智能化运维等，投资成本可能提升，但发电成本总体呈现下降趋势。

据彭博新能源财经预测，到 2020 年，我国光伏发电度电成本将下降到 40～45 美元/（MW·h）[折合人民币 0.26～0.30 元/（kW·h）]，到 2025 年，将下降到 35～40 美元/（MW·h）[折合人民币 0.23～0.26 元/（kW·h）]，到 2030 年，将下降到 30～35 美元/（MW·h）[折合人民币 0.20～0.23 元/（kW·h）]，具体如图 3 - 8 所示。

（三）光热发电成本变化趋势

根据国际可再生能源署（IRENA）公布数据，槽式光热发电站未来成本降

---

[1]　数据来源：能源基金会、清华大学能源互联网创新研究院，《2035 年全民光伏发展研究报告》。

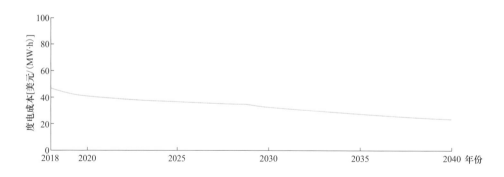

图 3 - 8　我国光伏发电成本变化趋势

数据来源：BNEF。

低可能性分布较为均衡，主要包括太阳岛、EPC、业主成本以及储能成本的下降。另外，提高电站运行温度是降低储能成本的有效途径之一。

塔式光热电站的运行温度目前已经高于槽式。塔式光热电站成本的降低方法主要集中于太阳岛，特别是定日镜和追踪系统成本的降低。EPC 成本的下降将主要依靠安装成本的降低。此外，相对槽式电站，塔式光热电站更应关注成套发电设备的成本降低，具体如图 3 - 9 所示。

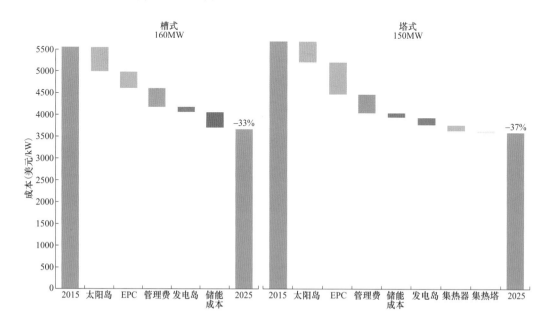

图 3 - 9　2025 年槽式光热电站与塔式光热电站成本下降潜力

　　根据国际可再生能源署报告预测，到 2025 年，槽式聚光光热发电成本将下降 37％，从 170 美元/（MW·h）降至 110 美元/（MW·h）［约合人民币 0.73 元/（kW·h）］，塔式光热发电成本将下降 43％，从 170 美元/（MW·h）降至 90 美元/（MW·h）［约合人民币 0.60 元/（kW·h）］。

4

新能源发电产业政策

4.1　新能源产业政策

2018年1月，国家能源局发布《关于建立清洁能源示范省（区）监测评价体系（试行）的通知》（国能发新能〔2018〕9号），提出在甘肃、宁夏、青海等6个清洁能源示范省（区）建立监测评价机制，评价结果将影响国家批复的清洁能源开发建设规模。

2018年2月，国家能源局发布《关于印发2018年能源工作指导意见的通知》（国能发规划〔2018〕22号），提出稳步推进可再生能源规模化发展，控制弃风、弃光严重地区新建规模，确保风电、光伏发电弃电量和弃电率实现"双降"。

2018年2月，国家发展改革委、国家能源局印发《关于提升电力系统调节能力的指导意见》（发改能源〔2018〕364号），提出从负荷侧、电源侧、电网侧多措并举，增强系统灵活性、适应性，破解新能源消纳难题。电源侧力争"十三五"期间完成2.2亿kW火电机组灵活性改造，推进抽水蓄能、燃气、光热、储能等灵活调节电源建设；电网侧加强电网建设，提高电网调度灵活性；负荷侧发展各类灵活用电负荷，探索电动汽车储能作用。

2018年3月，国家能源局发布《2018年市场监管工作要点》（国能综通监管〔2018〕48号），提出开展清洁能源消纳重点综合监管，对清洁能源优先调度、电力交易、接入电网等情况重点监管，促进优先消纳，督促落实解决弃水弃风弃光问题目标任务。

2018年4月，国家能源局发布《关于减轻可再生能源领域企业负担有关事项的通知》（国能发新能〔2018〕34号），政策要求：①及时办理并网接入，纳入年度建设规模项目，电网企业及时受理项目并网申请，明确提供并网接入方案的时限，不得自行暂停、停止受理项目并网申请或拒绝已办理并网手续的项目并网运行。②电网企业负责投资建设接网工程，接入输电网的可再生能源发电项目接网及输配电工程，以及接入配电网的分布式发电项目接网工程及配套电网改造工程由电网企业投资建设，之前相关接网工程由可再生能源发电项目单位建设的，在 2018 年底前完成回购。③严格落实保障性收购政策，电网企业承诺按国家核定的最低保障性收购小时数落实保障性收购政策，与可再生能源发电企业签订优先发电合同。

2018 年 6 月，国务院出台《关于印发打赢蓝天保卫战三年行动计划的通知》（国发〔2018〕22 号），提出加快发展清洁能源和新能源，2020 年非化石能源占能源消费总量比重达到 15%，优化风电、太阳能开发布局，加大可再生能源消纳力度，基本解决弃水、弃风、弃光问题。

2018 年 6 月，国家发展改革委出台《关于创新和完善促进绿色发展价格机制的意见》（发改价格规〔2018〕943 号），提出 2020 年基本形成有利于绿色发展的价格机制和价格政策体系，促进资源节约和生态环境内部化的作用明显增强。

2018 年 7 月，国家发展改革委、国家能源局联合印发《关于积极推进电力市场化交易进一步完善交易机制的通知》（发改运行〔2018〕1027 号），政策要点：①鼓励电网企业参与跨省跨区电力交易。各地要取消市场主体参与跨省跨区电力市场化交易的限制，鼓励电网企业根据供需状况、清洁能源配额完成情况参与跨省跨区电力交易，首先鼓励跨省跨区网对网、网对点的直接交易，对有条件的地区，有序支持点对网、点对点直接交易，促进资源大范围优化配置和清洁能源消纳。②明确配额制实施主体责任。抓紧建立清洁能源配额制，地方政府承担配额制落实主体责任，电网企业承担配额制实施的组织责任，参与市场的电力用户与其他电力用户均应按要求承担配额的消纳责任，履行清洁能源消纳义务。③合理确定可再生能源保障利用小时数。推进规划内的风电、太阳能发电等可再生能源在保障利用小时数之外参与直接交易、替代火电发电权交易及跨省跨区现货交易试点等，各地要结合实际合理确定可再生能源保障利用小时数，做好优先发电保障和市场化消纳的衔接。

2018 年 9 月，国家能源局发布《关于齐齐哈尔市、大庆市、包头市可再生能源综合应用示范区建设有关事项的复函》（国能综函新能〔2018〕376 号），政策要点：①各地区按照就地消纳、存量优先原则开展可再生能源综合应用示范区建设。②完善可再生能源开发利用市场机制，按照就近接入和就近消纳的原则，推动可再生能源消纳平台建设，提高系统需求响应能力。③电网企业进一步优化调度运行机制，研究就近已建成特高压通道打捆外送新能源的规划方案，外送新能源项目按照可再生能源优先发电原则参与受端电力市场交易。

2018 年 10 月，国家发展改革委、国家能源局联合发布关于印发《清洁能源消纳行动计划（2018－2020 年）》的通知（发改能源规〔2018〕1575 号），政策要点：①明确提出消纳目标。2018 年清洁能源消纳取得显著成效，弃风率低于 12％（力争控制在 10％以内），弃光率低于 5％；2019 年，弃风率低于 10％（力争控制在 8％左右），弃光率低于 5％；2020 年基本解决清洁能源消纳问题，弃风率力争控制在 5％左右，弃光率低于 5％。②结合能源、电力及可再生能源"十三五"规划中期评估，科学调整"十三五"清洁能源发展目标，优化各类发电装机布局规模。③进一步明确弃电量、弃电率的概念和界定标准，对风电、光伏发电弃电率不超过 5％的区域，其限发电量不再计入全国限电量统计。

2018 年 10 月，国家发展改革委办公厅印发《关于同意四川省、青海省开展可再生能源就近消纳综合试点方案的复函》（发改办运行〔2018〕1432 号），政策要点：①积极探索促进可再生能源就近消纳的新途径，协调电网企业加大输送可再生能源力度，进一步提高园区可再生能源消费比例。②建立完善可再生能源与传统火电机组之间的利益调节机制，引导火电机组主动为可再生能源调峰，促进可再生能源多发满发。③鼓励可再生能源发电企业无补贴平价上网。对试点中承诺不需要国家补贴的可再生能源发电企业，可在现有方案基础上，进一步加大政策支持力度。

2018 年 11 月，国家能源局综合司发布《征求〈关于实行可再生能源电力配额制的通知〉意见的函》，明确了可再生能源电力配额指标确定和配额完成量的核算方法，提出了各省（区、市）可再生能源电力总量配额指标及各省（区、市）非水电可再生能源电力配额指标，分为约束性指标和激励性指标。各级能源主管部门督促未履行配额义务的电力市场主体限期整改，对未按期完成整改的市场主体依法依规予以处罚，列入不良信用记录，予以联合惩戒。

2018 年 11 月，国家能源局印发《关于做好 2018－2019 年采暖季清洁供暖工作的通知》（国能发电力〔2018〕77 号），政策要点：①稳妥推进"煤改气""煤改电"。"煤改电"要以供电能力作为基础，先保障供电再实施改造。电网企业要加强与各地"煤改电"的协调对接，在确保建设施工质量的前提下，加快配电网和农网建设改造，并加强输变电设备的运行监测和安全保护。②积极扩大可再生能源供暖规模。重点发展生物质热电联产或生物质锅炉供暖，以及分散式生物质成型燃料供暖。将太阳能供暖与其他清洁供暖方式科学搭配，因地制宜发展"太阳能＋"供暖。

2018 年 12 月，国家发展改革委、国家能源局联合印发《关于积极推进风电、光伏发电无补贴平价上网有关工作的通知》（发改能源〔2019〕19 号），政策要点：①由省级政府能源主管部门组织实施本地区平价上网和低价上网项目，不受年度建设规模限制。红色预警地区除已安排的平价上网和无补贴项目外，暂不组织此类项目建设。②地方政府部门对平价和低价上网项目在土地利用及土地相关收费方面予以支持，降低项目场址相关成本，禁止收取任何形式的资源出让费等费用，切实降低项目的非技术成本。③对电网企业提出相关要求，一是确保平价上网项目所发电量全额上网，如存在限发电量则核定为可转让的优先发电计划；二是负责投资项目升压站之外的接网等全部配套电网工程；三是与发电企业签订不少于 20 年的长期固定电价购售电合同。

4.2　风电产业政策

2018 年 3 月，国家能源局印发《2018 年度风电投资监测预警结果的通知》（国能发新能〔2018〕23 号），甘肃、新疆（含兵团）、吉林继续为红色预警区域，内蒙古、黑龙江由红色降为橙色预警，山西北部地区、陕西榆林、河北张家口和承德新增为橙色预警，宁夏风电建设全面解禁。红色预警地区国家暂停项目核准、电网企业暂停受理并网申请，橙色预警地区国家不再新增年度建设规模、已纳入年度方案项目可以继续核准建设。

2018 年 4 月，国家能源局印发《分散式风电项目开发建设暂行管理办法的通知》（国能发新能〔2018〕30 号），政策要求：①扩大接入电压等级，由之前 35kV 放宽至 110kV，单个项目容量 5 万 kW，明确分布式发电的政策和管理规定均适用于分散式风电项目。②优化项目核准管理，鼓励试行核准承诺制，地方能源主管部门不再审查前置要件，审查方式转变为企业提交相关材料并做出信用承诺，即对项目予以核准。③明确并网流程和时限，电网企业应完善 35kV 及以下电压等级接入分散式风电项目的并网运行服务，设立分散式风电项目"一站式"服务窗口，明确工作流程和办理时限，按规定的并网点及时完成应承担的接网工程。

2018 年 5 月，国家能源局印发《关于 2018 年度风电建设管理有关要求的通知》（国能发新能〔2018〕47 号），政策要点：①严格落实规划和预警要求。各省政府严格执行《关于可再生能源发展"十三五"规划实施的指导意见》明确年度新增风电建设规模方案，落实风电投资监测预警的有关要求，红色和橙色地区不得调增规划规模，绿色地区在落实风电项目配套电网建设并保障消纳的前提下可申请调整。②严格落实电力送出和消纳条件。新列入年度建设方案的风电项目，必须以电网企业承诺投资建设电力送出工程并确保达到最低保障收购年利用小时数为前提条件。通过跨省跨区输电通道外送消纳的风电基地项目，要求受端省电网企业出具接纳通道输送风电容量和电量的承诺。③推行竞争方式配置风电项目。尚未印发 2018 年度风电建设方案的省（自治区、直辖市）新增集中式陆上风电项目和未确定投资主体的海上风电项目，全部通过竞争方式配置和确定上网电价，已核准项目不受影响。明确分散式风电项目不参与竞争性配置。

4.3　太阳能发电产业政策

2018 年 1 月，国家能源局印发《关于开展光伏发电专项监管工作的通知》(国能综通监管〔2018〕11 号)，为规范光伏发电秩序，决定在全国范围对光伏规模管理、并网接入、价格税费、电量收购和结算等方面开展专项监管工作，推动政策的贯彻落实，促进行业健康可持续发展。

2018 年 2 月，国家能源局下发《关于发布 2017 年度光伏发电市场环境监测评价结果的通知》，新疆、甘肃、宁夏列为红色预警地区，国家暂停下达本年度新增建设规模，电网企业暂停受理并网申请。

2018 年 3 月，国家能源局、国务院扶贫办印发《光伏扶贫电站管理办法》(国能发新能〔2018〕29 号)，提出光伏扶贫电站原则上应在建档立卡贫困村按照村级电站方式建设，电网企业负责建设配套接入工程，保障光伏扶贫项目优先调度与全额消纳。

2018 年 5 月，国家发展改革委、财政部、国家能源局联合印发《关于 2018 年光伏发电有关事项的通知》（发改能源〔2018〕823 号)，政策要求：①控制光伏新增建设规模，2018 普通光伏电站暂不安排新增建设规模，分布式光伏共安排 1000 万 kW 左右规模，光伏发电领跑基地建设视光伏发电规模控制情况再行研究，光伏扶贫按计划及时下达。②补贴"两降一不变"，新投运的光伏电站和"自发自用、余电上网"模式的分布式光伏补贴下调 0.05 元/（kW•h），即Ⅰ类、Ⅱ类、Ⅲ类资源区标杆上网电价分别调整为 0.5、0.6、0.7 元/（kW•h）

（含税），分布式度电补贴标准调整为 0.32 元/（kW•h）（含税）；光伏扶贫补贴标准不变。③加大市场化配置项目力度，所有普通光伏电站均须通过竞争性招标方式确定项目业主，鼓励地方加大分布式发电市场化交易力度。国家能源局提出未来五项重要措施：一是抓紧研究光伏发电市场化时间表路线图，合理把握发展节奏。二是大力推进分布式市场化交易，使其成为分布式光伏发展的一个重要方向。三是减轻光伏企业非技术成本，减轻企业负担。四是抓紧可再生能源电力配额制度的落地实施。五是多措并举扩大消纳，进一步减少弃光限电。

2018 年 6 月，国家能源局发布《关于做好光伏发电相关工作的紧急通知》（国能发新能〔2018〕93 号），要求各地、各电网企业应依法依规继续做好光伏发电项目并网、（代）备案和地方补贴垫付等工作，不得以项目未纳入国家补贴建设规模范围为由擅自停止。

2018 年 8 月，国家能源局综合司印发《关于无需国家补贴光伏发电项目建设有关事项的函》（国能综函新能〔2018〕334 号），政策要点：能源局答复山东省发展改革委《关于东营市河口区光伏发电市场化交易项目无需国家光伏发电补贴的请示》（鲁发改能源〔2018〕746 号），明确对此类不需国家补贴的项目，各地可按照土地和电网接纳条件的前提下自行组织实施，并将项目情况及时抄送国家能源局。

2018 年 9 月，国家发展改革委、财政部、国家能源局联合印发《关于2018 年光伏发电有关事项说明的通知》（发改能源〔2018〕1459 号），通知明确：①今年 5 月 31 日（含）之前已备案、开工建设，且在今年 6 月 30 日（含）之前并网投运的合法合规的户用自然人分布式光伏发电项目，纳入国家认可规模管理范围，标杆上网电价和度电补贴标准保持不变。②已经纳入 2017 年及以前建设规模范围（含不限规模的省级区域）、且在今年 6 月 30 日（含）前并网投运的普通光伏电站项目，执行 2017 年光伏电站标杆上网电价，属竞争配置的项目，执行竞争配置时确定的上网电价。

2018 年 11 月，国家能源局综合司印发《关于光伏发电领跑基地奖励激励有关事项的通知》（国能综通新能〔2018〕168 号），政策要点：①对于严格落实要求、按期投产且验收合格的基地（含二期）在后续领跑基地竞争优选中给予优先考虑或适当加分；对 2017 年光伏发电基地给予 3 个共 150 万 kW 等量规模连续建设作为奖励激励。②建设规模奖励激励由相关基地自愿申报。对严格落实建设要求、符合相关条件，且电价较基地所在地区光伏发电标杆电价降幅（百分比）最大的 3 个基地予以奖励。③获得奖励激励的基地最迟于 2020 年 6 月 30 日前全部装机容量建成并网。

5

新能源发电发展展望

5.1 世界新能源发电发展趋势

未来五年全球风电新增装机将保持平稳增长。根据全球风能理事会
（GWEC）市场情报部门的预计，2019－2023 年全球风电新增装机总量将超
过 3 亿 kW，平均年增长率为 2.7％。到 2023 年，风电年新增装机容量将超过
5500 万 kW，如图 5-1 所示。

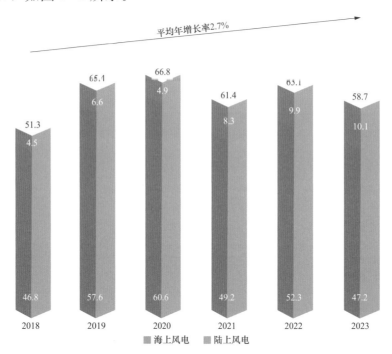

图 5-1　2019－2023 年全球风电年新增装机容量预测（GW）

数据来源：GWEC《2018 年全球风电报告》。

海上风电市场规模将会不断扩大。未来五年，海上风电市场将成为真正的
全球化市场。目前，海上风电新增装机只占 8％，到 2023 年，这一比例预计将
增加到 22％。预计 2022 年或 2023 年在北美安装第一批大型海上风机，同时非
洲与中东地区的每年风电新增装机将趋于稳定。

发展中国家的风电市场将在全球风电市场中占据更大的份额。在亚洲，预

计中国风电市场将保持每年 2000 万 kW 的风电新增装机。除了印度按计划的竞拍新增风电装机之外，东南亚的各国政府还是优先考虑火电，将风电市场维持在中等水平。而欧洲作为成熟的风电市场，其陆上和海上风电市场也将保持稳定，如图 5-2 所示。

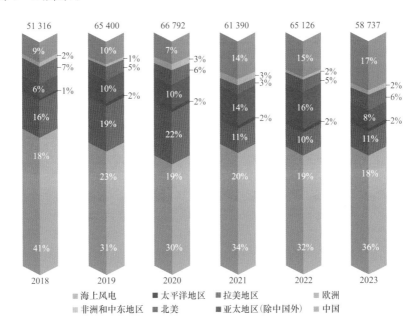

图 5-2　2019—2023 年按区域划分的风电年新增装机容量预测（MW）

数据来源：GWEC《2018 年全球风电报告》。

世界光伏发电进一步扩张，未来五年光伏发电新增装机规模呈增长趋势。由于中国光伏补贴政策的变化，会导致 2018 年和 2019 年全球光伏新增装机增长率有所下缓，但是在美国、欧盟和印度等新兴国家较为强劲的需求下，预计 2018 年全球光伏新增装机量将仍较 2017 年增长 3.5％。根据欧洲光伏产业协会（EPIA）预测，到 2018 年，全球光伏发电累计装机容量将超过 500GW，2019 年超过 600GW，2020 年达到 700GW，2021 年和 2021 年分别超过 800、900GW，如图 5-3 所示。

全球各地区的光伏发电新增装机将出现此消彼长的现象，但全球增长率还是上升的。现阶段欧盟地区的每年光伏新增装机由欧盟的 2020 年可再生能源约

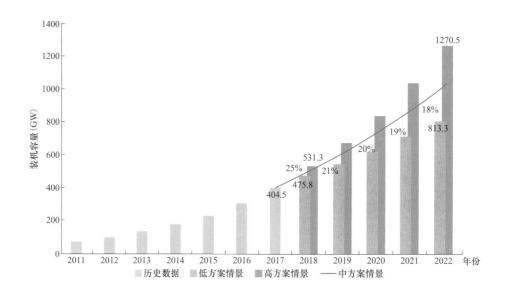

图 5 - 3 2018—2022 年世界光伏发电累计装机容量预测

数据来源：EPIA《2018—2022 年全球光伏市场展望》。

束性目标和低成本推动。中国和美国预计在 2020—2022 年才能再次进入高速增长期，但是在 2023 年欧洲的增长率又会停滞不前。

光伏发电具有较好的发展机遇，但仍面临较多问题。 从全球范围来看，世界能源结构向多元化、清洁化、低碳化的方向转型的趋势是不可逆转的。如果欧洲地区能够建立一个现代能源框架，创建新的太阳能和储能商业模式，允许消费者的多样需求，减少欧美地区间的光伏进口关税，预计到 2022 年，全球太阳能光伏发电装机将超过 1TW。

5.2 中国新能源发电发展趋势

（一）近期发展趋势

2019 年，在清洁能源消纳行动计划、平价上网等一系列政策的推动下，我国新能源发电装机仍将保持快速增长。预计风电新增装机容量超过 2500 万 kW，累计装机容量超过 2.1 亿 kW；太阳能发电新增装机容量超过 3500 万 kW，累计发电装机超过 2.1 亿 kW。

预计 2020 年底，全国新能源发电装机容量达到 4.9 亿 kW 以上，其中风电装机容量 2.3 亿 kW 以上，太阳能发电装机容量约 2.6 亿 kW。风电累计装机容量仍集中在"三北"地区，如图 5-4 所示。2020 年，"三北"地区通过促进就地消纳和现有通道外送累计装机规模达到 1.6 亿 kW 左右，仍占全国的 70% 左右。

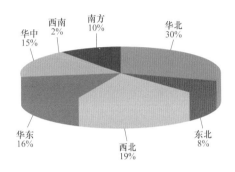

图 5-4　2019—2020 年新增风电装机区域分布图

太阳能发电集中开发与分布式相结合。在"三北"地区有序建设太阳能光伏发电基地，2020 年光伏发电基地装机规模超过 7100 万 kW；全面推进分布式光伏发电建设，2020 年分布式光伏装机容量达 6000 万 kW 以上，其中东中部和南方地区占比超过 70%，如图 5-5 所示。

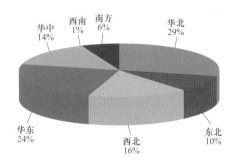

图 5-5　2019—2020 年新增太阳能发电装机区域分布图

（二）中长期发展展望

结合国家非化石能源战略目标、碳减排目标、新能源规划目标等约束条件，预计 2030 年底，全国新能源发电总装机容量至少要达到 10.8 亿 kW，占全部电源装机容量的比重超过 30%。其中，风电装机 5.2 亿 kW 左右，太阳能发电装机 5.3 亿 kW，生物质发电 3000 万 kW，如图 5-6 所示。

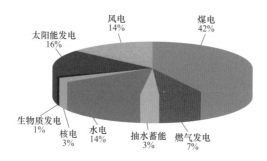

图 5-6　2030 年底我国电源结构情况

6

新能源发电专题分析

6.1 平价上网政策及对新能源布局影响分析

6.1.1 平价上网政策背景和要求

（一）政策出台背景

可再生能源规模持续扩大，补贴压力不断增加。截至 2018 年底，我国可再生能源发电累计装机容量 7.28 亿 kW，占全国电源装机容量的 38.3%。随着可再生能源装机规模不断扩大，可再生能源补贴压力也在持续增加。截至 2018 年底，我国可再生能源发电产业补贴资金缺口超过 1200 亿元。未来，可再生能源补贴缺口还将持续加大。

风光开发建设成本不断降低，基本具备平价上网的条件。随着风光规模发展和技术进步，我国风光发电已经初步具备与火电竞争的能力。2017 年投产的风电、光伏电站平均建设成本已经分别降至 7000 元/kW 和 6000 元/kW，比 2012 年降低了 20% 和 45%。

前期开展的示范项目，为风光发电平价上网积累了经验。2017 年 8 月，国家能源局在河北、黑龙江、甘肃、宁夏、新疆五省区启动了共 70 万 kW 的风电平价上网示范项目，目前正在稳步推进建设。2018 年 3 月，国家能源局复函同意乌兰察布风电基地规划，一期建设 600 万 kW，不需要国家补贴。同时，光伏领跑者项目招标确定的上网电价已经呈现出与煤电标杆电价平价的趋势。上述已开展的各项工作，为推动可再生能源技术进步，提升市场竞争力，探索风电、光伏发电平价上网积累了经验。

（二）政策相关要求

国家发展改革委、国家能源局陆续出台了关于平价上网的政策文件，包括《关于开展风电平价上网示范工作的通知》（国能综通新能〔2017〕19 号）、《关于积极推进风电、光伏发电无补贴平价上网有关工作的通知》（发改能源

〔2019〕19 号）、《关于报送 2019 年度风电、光伏发电平价上网项目名单的通知》等。相关政策要求如下：

一是平价上网项目不受年度建设规模限制。推进建设不需要国家补贴执行燃煤标杆上网电价的风电、光伏发电平价上网试点项目，有关项目不受年度建设规模限制；各级地方政府能源主管部门可会同其他相关部门出台一定时期内的补贴政策，仅享受地方补贴的项目仍视为平价上网项目。

二是平价上网项目优先消纳。电网企业应确保项目所发电量全额上网，如存在弃风弃光情况，将限发电量核定为可转让的优先发电计划，在全国范围内参加发电权交易（转让）。电网企业做好接网和消纳工作。

三是平价上网项目签订长期固定电价购售电合同。电网企业承担收购平价上网项目和低价上网项目的电量收购责任，按项目核准时国家规定的当地燃煤标杆上网电价与风电、光伏发电项目单位签订长期固定电价购售电合同（不少于 20 年）。

四是降低平价低价上网项目用地成本。有关地方政府部门对平价上网项目和低价上网项目在土地利用及土地相关收费方面予以支持，禁止收取任何形式的资源出让费等费用。

五是促进风电、光伏发电通过电力市场化交易无补贴发展。鼓励在国家组织实施的社会资本投资增量配电网、清洁能源消纳产业园区、局域网、新能源微电网、能源互联网等示范项目中建设无需国家补贴的风电、光伏发电项目，并以试点方式开展就近直接交易。

6.1.2 2020 年分省平价能力测算

（一）风电平价能力测算

根据目前风电单位建设成本预测 2020 年分省风电单位建设成本，以分省风电理论年利用小时数（其中，新疆、甘肃按照实际弃风率对应的小时数）、燃煤标杆上网电价作为边界条件，测算全国各地区新建风电项目平价上网的经济性。

测算结果表明，从开发经济性看，"三北"地区，以及山东、江苏、上海、福建、四川等中东部和南方地区，由于资源条件优越、建设成本和非技术性成本较低，预计 2020 年这些地区风电新建项目的内部收益率为 8.3%～12.0%，度电成本低于当地燃煤标杆上网电价水平，可以实现平价上网。其他省份受资源条件、土地、市场等非技术成本的影响，其新建项目内部收益率为 3.7%～7.6%，不具备平价上网的经济性条件。2020 年各省风电项目平均内部收益率如图 6-1 所示。

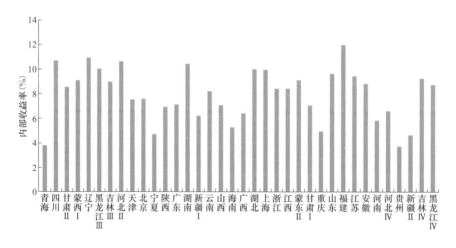

图 6-1　2020 年各省风电项目平均内部收益率

（二）光伏发电平价能力测算

光伏电站平价能力测算。 根据目前光伏电站单位建设成本预测 2020 年分省光伏电站单位建设成本，以分省光伏发电理论年利用小时数（其中，新疆、甘肃按照实际弃光率对应的小时数）、燃煤标杆上网电价作为边界条件，测算全国各地区新建集中式光伏电站平价上网的经济性。

测算结果表明，从开发经济性看，"三北"地区的青海、内蒙古、河北、辽宁、吉林、黑龙江、山东等省份，由于资源条件优良、建设成本和非技术性成本较低，预计 2020 年其光伏发电新建项目的内部收益率为 8.1%～10.4%，度电成本低于当地燃煤标杆上网电价水平，可以实现平价上网。其他地区受资源条件、土地、市场等非技术成本的影响，其新建项目内部收益率为 2.9%～7.6%，不具备平价上网的经济性条件。2020 年各省集中式光伏电站项目平均内部收益率如图 6 - 2 所示。

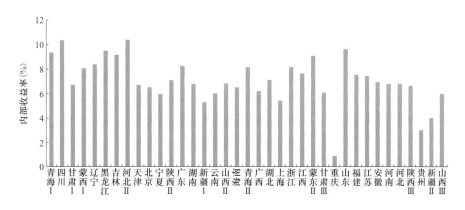

图 6 - 2   2020 年各省集中式光伏电站项目平均内部收益率

分布式光伏平价能力测算。根据目前分布式光伏单位建设成本预测 2020 年分省分布式光伏单位建设成本，考虑分省分布式光伏发电理论年利用小时数，按照燃煤标杆上网电价的 30％与一般工商业电价的 70％之和作为收益电价，测算全国各地区新建分布式光伏平价上网的经济性。

测算结果表明，从开发经济性看，除海南、贵州和重庆外，全国其他地区 2020 年分布式光伏电站新建项目内部收益率均大于 8％。其中，吉林、蒙东、天津等"三北"地区，及浙江、江苏、湖北等中东部地区的经济性较高，其新增项目内部收益率达到 12％以上。2020 年各省分布式光伏电站项目平均内部收益率如图 6 - 3 所示。

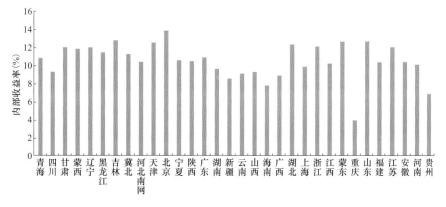

图 6 - 3   2020 年各省分布式光伏电站项目平均内部收益率

73

6.1.3 平价政策对新能源布局影响分析

根据 2020 年分省风电和光伏发电平价能力测算结果，未来一段时间内平价上网政策的实施，将对风电和光伏发电的开发布局产生不同的影响。**从风电来看**，"三北"地区大部分省份风电在平价条件下内部收益率均大于 8%，在风电消纳持续改善的作用下，未来风电项目呈现出向"三北"地区回流趋势的可能性加大；中东部地区分散式风电和海上风电的加快发展还要需要价格政策扶持。**从光伏发电来看**，"三北"地区和中东部及南方地区大部分省份光伏发电在平价条件下内部收益率均大于 8%，在光伏发电成本进一步下降的驱动下，未来光伏发电项目开发仍然延续集中式和分布式相结合的开发方式。

6.2 我国海上风电发展前景分析

6.2.1 海上风电发展和消纳情况

海上风电快速增长，集中分布在东部沿海省份。2014—2018 年，我国海上风电装机容量由 40 万 kW 增长到 363 万 kW，增长了 8 倍，年均增速 74%，是陆上风电装机增速的 4 倍。我国海上风电装机容量仅次于英国、德国，位居全球第三，占全球海上风电装机总容量的 20%。从布局看，目前海上风电全部集中在江苏、上海、福建和天津，2018 年底海上风电累计装机容量分别为303 万、31 万、20 万、9 万 kW。2018 年我国与主要国家海上风电装机容量对比如图 6-4 所示。

海上风电核准项目规模大。《海上风电开发建设管理办法》（国能新能〔2016〕394 号）明确国家能源局不再统一编制全国海上风电开发建设方案，由各省能源主管部门编制本省海上风电发展规划报国家能源局审定，并核准具备建设条件的项目。目前，广东、江苏、福建等沿海省份发展海上风电积极

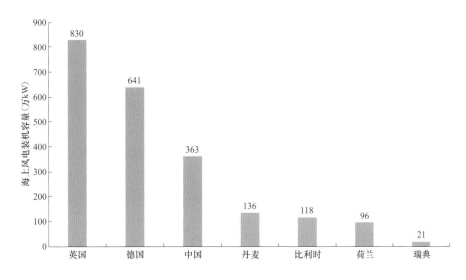

图 6-4 2018 年我国与主要国家海上风电装机容量对比

性高涨，截至 2018 年底，广东、江苏核准的海上风电项目装机容量分别高达 1871 万、1475 万 kW。

海上风电电量全额消纳，利用小时数较高。2018 年，我国海上风电发电量 76.14 亿 kW·h，同比增长 76%，无弃风电量。海上年发电利用小时数 2553h，同比增加 100h，比陆上风电利用小时数高出 22%；其中福建、上海、江苏的海上风电发电利用小时数分别高达 3808、2795、2493h。

6.2.2 海上风电开发建设的影响因素分析

（一）资源条件

我国气象局风能资源评价结果显示，福建沿海、浙江东南部沿海是我国近海风能资源最丰富的地区，风能资源等级在 6 级以上；浙江东北部沿海、广东沿海、海南岛西部近海海域的风能资源条件也十分丰富，风能资源等级在 4～6 级之间；我国沿海其他地区（包括辽宁、河北、山东、江苏、广西北部湾等）资源条件较为丰富，风能资源等级在 3～4 级之间。

目前我国潮间带和近海区域内的海上风电开发技术较为成熟，**近海水深 5～25m 范围内风能资源潜在技术开发量为 1.9 亿 kW**，但受到海洋军事、航线、港口、养殖等海洋功能区划的限制，近海实际的技术可开发量将远小于理论开发量。我国风能资源潜在开发量见表 6-1。

表 6-1	我国风能资源潜在开发量	亿 kW
风能资源区划等级	4级及以上 风功率密度≥400W/m²	3级及以上 风功率密度≥300W/m²
远海离岸 50km 以内	2.3	3.8
近海水深 5～25m	0.9	1.9

（二）技术水平

风机大型化成为海上风电技术的发展方向。全球海上风机平均的单机容量从 2007 年的 2.88MW 提高到 2018 年的 6.8MW；我国海上风机制造技术水平不断提高，目前海上风机平均单机容量超过 3MW，最大单机容量达到 7.25MW，已经掌握了 5～6MW 海上风机的整机集成技术，但与国际先进水平存在差距。2007－2018 年全球海上风电场的平均单机容量变化情况如图 6-5 所示。

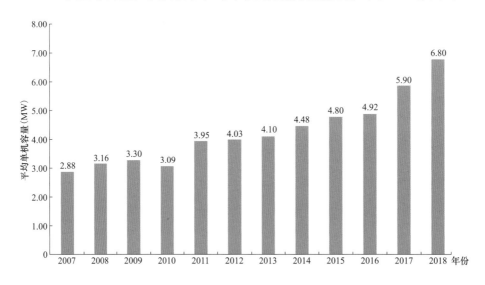

图 6-5　2007－2018 年全球海上风电场的平均单机容量变化情况

施工建设技术不断进步，海上风电逐步向近海、深海、大基地方向发展。与陆上风电相比，海上风电在施工建设、运行维护等方面的难度大。近年来，我国海上风电场施工设备在数量、性能、吨位上实现新的突破，自主研发的龙源振华海上施工船运载能力超过 800t、最大工作水深超过 30m。目前我国海上风电呈现出由潮间带到近海、由浅水到深水、由小规模示范到大规模集中开发的趋势。预计到 2020 年后，海上风电平台的水深将超过 50m，离岸距离将超过 30km，基地式集中连片开发将成为我国海上风电的主流开发模式。

（三）发电成本

2014－2018 年间我国海上风电度电成本下降超过一半。2014 年我国海上风电平均度电成本约 0.228 美元/kW·h（折合人民币 1.5 元/kW·h）；2018 年平均度电成本降至 0.095 美元/kW·h❶（折合人民币 0.64 元/kW·h），比 2014 年下降了 58%，主要是海上风机价格、建设安装成本等方面带来的成本下降（投资成本构成中，海上风机仅占一半左右，建设安装和并网成本占 47%，约是陆上风电的 1.7 倍）。但与陆上风电相比，目前我国海上风电的度电成本仍然偏高，约是 2018 年陆上风电成本的 1.6 倍，如图 6-6 所示。

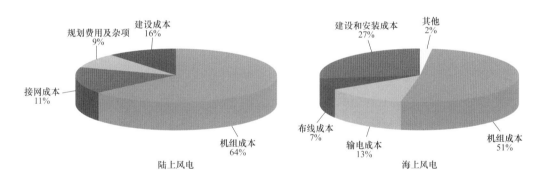

图 6-6　陆上和海上风电成本构成示意❷

（四）市场消纳

海上风电市场消纳空间充裕。从海上风能资源条件和开发布局来看，我国海上风电重点布局在江苏、福建、浙江、山东、广东等中部和南方沿海地区，这些地区本地用电负荷高，风电消纳的市场空间充裕。2018 年，江苏、浙江、

---

❶　数据来源：彭博新能源财经。
❷　数据来源：IRENA。

福建本地用电负荷分别达到 8800 万、5990 万 kW 和 3155 万 kW，分别是本地风电装机容量的 10、40 倍和 11 倍。相比较而言，"三北"地区的甘肃、新疆本地用电负荷仅是本地风电装机容量的 1.1 倍和 1.2 倍。部分省份本地用电负荷和装机情况对比情况如图 6-7 所示。

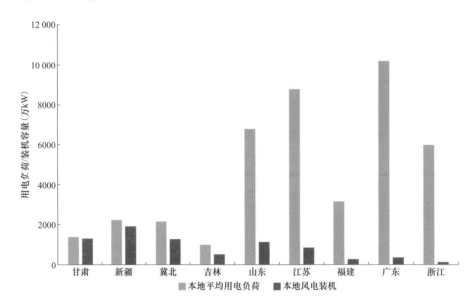

图 6-7　部分省份本地用电负荷和装机情况对比

6.2.3　海上风电发展前景分析

与陆地风电相比，海上风电风能资源的能量效益比陆地风电场高约 20%～40%，具有平均风速高、利用小时高、市场消纳空间大、适合大规模开发等优点。自 2014 年国家能源局发布《关于印发全国海上风电开发建设方案（2014—2016）的通知》（国能新能〔2014〕530 号）以来，我国海上风电开始起步。通过五年来的努力，我国海上风电制造、建设和运维技术水平不断提高，发电成本逐年加速下降，呈现出加快规模化发展的趋势，未来将具有广阔的发展前景。

目前，我国海上风电单位造价降至 14 000 元/kW，平均度电成本约 0.64元/（kW·h），在 2019 年近海风电标杆上网电价 0.8 元/（kW·h）的水平下仍具有较好的盈利能力。在成本下降、技术进步、项目核准提速的共同推动下，2019 年海上风电将迅猛发展，预计 2019 年底全国海上风电装机容量将超过 500 万 kW，提前一年实现"十三五"规划目标。2020 年底，预计海上风电装机容量将达到 900 万 kW 左右。

"十四五"期间，海上风电发展将进一步提速，根据江苏、广东、浙江、福建、上海等国家或地方政府已批复的海上风电发展规划规模测算，"十四五"期间预计全国新增海上风电装机容量约 2500 万 kW，2025 年底，我国海上风电累计装机容量将达到 3000 万 kW 左右，80％装机集中在江苏、广东、福建等省份，江苏、广东有望建成集中连片开发的千万千瓦级海上风电基地。预计到 2030 年底，我国海上风电累计装机容量将超过 6000 万 kW，占全国风电累计装机容量的比例约为 12％。

6.3　实现农村能源清洁低碳发展关键问题分析

农村能源是我国能源体系的重要组成部分，是农村经济社会发展的重要物质基础。我国高度重视农村能源发展，2016 年 12 月，国家发展改革委出台《能源生产和消费革命战略（2016－2030）》，提出推动农村新能源行动。2017 年 10 月，党的十九大报告首度提出"实施乡村振兴战略"。2018 年 1 月，中共中央、国务院发布《中共中央国务院关于实施乡村振兴战略的意见》。2018 年 9 月，中共中央、国务院印发《乡村振兴战略规划（2018－2022 年）》，提出要构建农村现代能源体系。

由于在农村基础设施、民生等领域欠账较多等原因，当前我国发展不平衡不充分问题在农村仍为突出。在基础设施方面，部分地区能源基础设施结构薄弱，商品能源供应不足；在能源消费结构方面，我国部分农村生活能源消费仍以秸秆薪柴、散煤为主，能源清洁化水平低，造成环境污染、能源低效率等问题；在能源供应方面，天然气、电力等优质商品能源供应受限；在清洁能源利用方面，太阳能、风能、地热能、生物质等可再生能源开发利用规模小，利用程度低；另外，农村能源社会化服务能力严重滞后，能源公平问题突出。亟待提高农村清洁能源的供应能力，优化调整消费结构，提高能源服务水平和利用效率，减少环境污染，建设美丽乡村。

6.3.1　我国农村能源发展现状

（一）总体情况

近年来，我国农村能源供应保障能力不断增强，能源结构调整成效明显。2017 年，我国农村能源消费量[❶]约为 5.92 亿 t 标准煤[❷]，其中农村生活用能占比约 55%，农村生产用能消费占比约 45%。煤炭、秸秆、薪柴、电力、石油分别占 22.9%、22.8%、19.0%、16.2%、10.9%。

我国农村生活能源消费非商品能源占比较大。2017 年，中国农村生活能源消费量约 3.27 亿 t 标准煤，其中商品能源利用量为 2.05 亿 t 标准煤，占农村生活能源消费总量的 62.7%；非商品能源费量为 1.22 亿 t 标准煤，占农村生活能源消费总量的 37.3%。

我国农村生活用能占比最大的依次为煤炭、薪柴、秸秆和电力，近年农村生活用能中新能源利用比例逐步增加。在 20 世纪 80 年代初期，仅秸秆、薪柴两大主导能源合计就占到当时全国农村生活用能总量的 90% 以上。2017 年全国农村生活用能消费总量中，秸秆、薪柴、煤炭、电力四大主导能源合计所占比重为 79.3%，成品油、天然气、液化石油气、煤气、沼气、太阳能等能源合计占 20.7%，其中，沼气、太阳能等能源所占比重皆有所提高，农村生活用能多样化趋势日益明显。2017 年全国及农村生活能源利用构成如图 6-8 所示。

---

❶ 主要包括三部分，一是农、林、牧、渔业生产能源消费量，二是乡村生活消费商品能源的数量，三是乡村生活消费非商品能源的数量，数据来自《2018 年中国统计年鉴》以及有关研究资料。

❷ 按照电热当量法测算，下同。

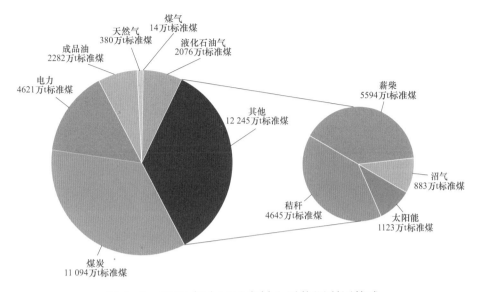

图 6-8 2017 年全国及农村生活能源利用构成

(二) 农村生活商品能源利用情况

2017 年，我国农村生活商品能源消费中，煤炭消费量为 11 094 万 t 标准煤，占商品能源利用量的 54%；电力消费量为 4621 万 t 标准煤，占商品能源利用量的 23%；油品消费量为 2282 万 t 标准煤，占商品能源利用量的 11%；煤电油合计消费占农村商品能源的 88%，占农村生活能源消费总量的 55%。天然气、液化石油气、煤气消费量分别为 380 万、2077 万、14 万 t 标准煤，其合计消费量占农村商品能源利用总量的 12%。2017 年全国农村生活商品能源消费构成如图 6-9 所示。

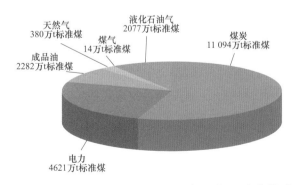

图 6-9 2017 年全国农村生活商品能源消费构成

（三）农村生活非商品能源利用情况

我国农村生活能源消费构成中，非商品能源主要有秸秆、薪柴、沼气和太阳能。2017 年我国农村生活能源非商品能源利用总量达到 12 245 万 t 标准煤，其中薪柴 5594 万 t 标准煤，占农村非商品能源利用量的 45.7%；秸秆 4645 万 t 标准煤，占农村非商品能源利用量的 37.9%；沼气 883 万 t 标准煤，占农村非商品能源利用量的 7.2%；太阳能 1123.1 万 t 标准煤，占农村非商品能源利用量的 9.2%。2017 年我国农村生活能源中非商品能源消费构成如图 6-10 所示。

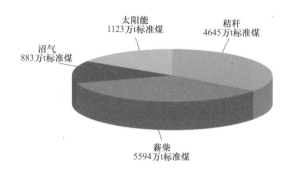

图 6-10　2017 年我国农村生活能源中非商品能源消费构成

6.3.2　农村能源发展特点及面临的问题

虽然农村能源近几年在供给能力、消费结构优化等方面发生了较大改善，但在目前发展中仍存在一些特点及问题，主要包括农村能源利用效率低、非商品能源占比高、能源基础设施落后、社会服务能力差、清洁资源利用水平低等。

农村生活能源消费总量处于高位，但由于利用形式落后等原因，能源利用效率较低。根据《中国能源统计年鉴 2017》，2016 年，城镇人均生活用能量为395kg 标准煤，农村人均生活用能量为 390kg 标准煤，两者水平相当。《中国统计年鉴 2018》中显示 2016 年城镇人口为 79 298 万人，乡村人口为 58 973 万人。由此可见农村生活用能总量处于较高水平。但由于我国农村生活用能以煤炭、薪柴、秸秆为主，用能设备落后，在很多情况下以直接燃烧的方式使用，造成能源利用效率低下。

我国农村经济社会发展水平低，农村生活用能消费中非商品能源占比大。我国农村能源商品化和优质化水平明显低于城市，传统生物质资源、劣质散煤利用总量大，特别是一些农业大省，仍有大部分农户以秸秆、薪柴为燃料，带来人居环境脏乱差现象突出。如东北、西北内陆、青藏高原严寒地区农村生活能源利用以煤炭、秸秆和薪柴为主，2017 年，该区非商品能源利用总量3589.7 万 t 标准煤，占其农村生活能源利用总量的 47.12%。

我国农村地区能源基础设施落后，导致农村能源普遍服务水平低。长期以来，我国广大农村地区与城镇地区在基础设施建设与公共服务方面存在着发展不均衡的现象，存在城乡二元制的问题。农村地区能源基础设施薄弱，技术开发资金投入欠缺，燃气、液化气和天然气供应尚未能普及到所有乡镇，部分偏远地区农网设备陈旧落后，农村商品能源总体供给不足，部分地区能源贫困问题依然存在，农村能源消费需求难以得到有效满足。

农村能源社会化服务能力严重滞后，能源公平问题突出。长期以来，农村能源管理职能分散在各个部门之间的联动、合作机制较弱，资金投入也较为有限，管理手段仍旧沿袭旧的方式，缺少技术和市场相结合的创新机制。在能源资源评价、技术标准、产品检测和认证等方面，体系不完善，人才队伍等也不能满足市场快速发展的需要，绿色能源示范县等清洁能源利用创新示范项目迟滞不前。当前在农村能源管理上，还没有形成一套可持续发展的完善市场激励机制和技术服务体系，来适应建立城乡一体化能源供应体系建设及清洁能源发展需要。

农村生物质、风能、太阳能、小水电等资源丰富，但未能有效利用。我国农村地区废弃物产量大、种类多、增长迅速，但农村废弃物资源化利用程度相对很低，导致环境污染严重，如在畜禽粪污资源化利用上，2017 年，全国畜禽规模养殖场共 28 万家，不足养殖场户总量的 1%，规模化程度低，废弃物收储运难度大。即便是大型规模养殖场，设施装备水平也不高，粪污处理设施装备配套率仅 82%。农村地区具有丰富的太阳能、风能、小水电等资源，但由于农村分布分散、新能源技术开发成本较高、农村居民对新能源技术认识不足等原因，造成农村地区新能源开发利用水平低。

6.3.3 农村能源清洁低碳发展的关键问题

农村能源发展关键在于优化农村能源供给结构，推进农村能源消费升级，完善农村能源基础设施网络。农村废弃物能源化利用、农村能源的电气化、农村能源基础设施建设以及农村能源服务体系建设等问题，成为推动农村能源发展的关键问题。

（一）农村废弃物能源化利用问题

农村废弃物能源化利用具有双重环保效益，不论是应对气候变化、还是解决环境污染问题、抑或增加能源资源供应，都非常重要。以农村废弃物能源化利用为重点的生物质能利用问题，成为推动农村能源低碳发展的重中之重。

农村废弃物能源化利用重点以农村沼气和秸秆能源化利用为主，主要包括农作物秸秆、畜禽粪便、农产品加工剩余物、蔬菜剩余物、农村有机生活垃圾等。初步据测算，目前全国可用于能源化利用的废弃物资源总量约 14.2 亿 t。随着经济社会发展、生态文明建设和农业现代化推进，利用潜力还将进一步增大。农村废弃物能源化利用的关键技术及典型应用模式包括热电联产模式、沼气工程应用模式、秸秆打捆直燃集中供暖模式、秸秆成型燃料利用模式、秸秆热解气化应用模式等。

（二）农村能源电气化问题

进入 21 世纪以来，随着能源生产和消费革命持续深化，电驱动、电加热、电取暖等设施的应用，以电代煤、以电代油的力度将越来越大。电气化是充分利用农村地区新能源资源的有效手段，是实现农村能源消费清洁低碳化的有效途径，可逐步提高农村能源消费利用效率和经济性。

在能源供应方面，针对农村区域分布、资源禀赋等特点，可采用集中式和分布式相结合的模式。对于靠近大电网的区域，可通过通大电网、加强农网改造升级等方式加强能源供应，同时积极开发利用当地风能、太阳能等资源。对于偏远地区，在进行技术经济比较后，可因地制宜建设光伏、风电、小水电、生物质能等能源站，采用独立微电网等先进技术满足当地用能需求。

在能源消费方面，根据农村居民生活用能情况，以及我国电能替代主流技术发展水平，目前在农村中可开展的电能替代类型主要有家庭电气化（电炊具和电热水器）、电采暖/制冷、电动车。综合考虑农村地区主要新增生活用电消费品用电量、新增电供暖用电量，截至 2020 年，农村地区新增用电量约 1644 亿 kW·h，总量达到 6029 亿 kW·h。若考虑农村生活能源消费总量年均增长率为 7%，则 2020 年农村生活用电量占生活能源消费总量的 34.7%，较 2016 年提高 5.7 个百分点。

（三）农村能源基础设施建设

农村能源基础设施是保证农业生产、农民生活质量的重要物质基础，是提供能源普遍服务水平的重要支撑。在国家推动乡村振兴战略、城乡融合发展背景下，农村能源基础设施将迎来发展机遇。在农村能源基础设施建设上，要统筹考虑农村地区社会经济发展条件和能源发展需求、城乡一体化发展要求。

要加强农村能源基础设施建设行动，统筹考虑和依托新型城镇化、美丽乡村建设，将农村能源基础设施建设纳入规划，与道路建设、供水设施等统筹规划。结合农村地区清洁能源供气、供热工程规划建设情况，在有条件地区加强燃气管网、供热管网等基础设施建设，实现集中供气、供热。加强农村电网建设，提升互联互供能力，提高供电可靠率；推进配电自动化建设，缩短故障停电时间；提高配电网智能化水平，实现农网可观可测。大力推进小城镇（中心村）电网改造升级、村村通动力电等农村电网重点工程。

（四）农村能源服务体系建设

农村能源服务体系建设为农村能源发展提供制度支撑和保障、技术和动力支持，在促进能源公平方面发挥着重要作用，是农村能源发展的一个基本要素。当前在农村能源管理上，亟需形成一套可持续发展的技术服务体系，来适应建立城乡一体化能源供应体系建设及清洁能源发展需要。

长期以来，农村能源服务体系受各种因素制约，发展缓慢。目前农村能源管理机构的设立大部分停留在市县一级，村镇基本处于无能源服务体系的状态，仅有部分兼职人员负责乡村能源技术推广。2017 年底乡村能源服务站点只覆盖了 3023.02 万户，按平均每户人口 4 人，则大约 1.2 亿人，仅占农村总数的 20%。

推进农村能源服务体系建设，必须同时加强政策支持和市场化运作。政府应对农村能源服务体系做好顶层设计，将农村能源服务体系与国家经济社会发展规划相协调，和中国国情相适应，为农村能源服务体系发展提供基本政策和制度保障。各级政府应把农村能源服务体系建设纳入财政计划，增加农村能源服务体系建设投入，形成稳定的资金投入机制，保障资金落实。要根据农村及能源利用特点引入各类投资主体，培育农村能源专业化经营和服务企业，积极探索商业化运行机制和模式，使农村能源服务功能更为规范合理，各项优质服务工作更加富有成效。

附录 1 2018 年世界新能源发电发展概况

截至 2018 年底，世界新能源发电❶装机容量约为 11.8 亿 kW❷，同比增长 14.6%。其中，风电装机容量为 5.6 亿 kW，约占 48%；太阳能发电装机容量约为 4.9 亿 kW，约占 41%；生物质能及其他发电装机容量约为 1.3 亿 kW，约占 11%，具体如附图 1-1 所示。

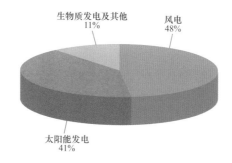

附图 1-1 2018 年世界新能源发电装机构成

2018 年世界新能源发电装机容量的国家排名见附表 1-1。

附表 1-1 **2018 年世界分品种新能源发电累计和新增装机容量排名前 5 位国家**

项　目　＼　排　名	1	2	3	4	5
风电装机容量	中国	美国	德国	印度	西班牙
新增风电装机容量	中国	德国	美国	英国	印度
太阳能光伏发电装机容量	中国	日本	美国	德国	印度
新增太阳能光伏发电装机容量	中国	印度	美国	日本	土耳其

---

❶　指非水可再生能源。

❷　数据来源：IRENA：Renewable Capacity Statistics 2019.

（一）风电

世界风电装机增速放缓。截至 2018 年底，世界风电装机容量达到 5.64 亿 kW❶，同比增长 9.5%，增速比 2017 年下降 0.7 个百分点。2018 年世界风电新增装机容量约 4910 万 kW，同比增长 3.2%。2009－2018 年世界风电装机容量如附图 1-2 所示。

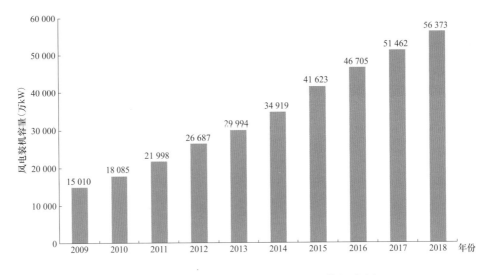

附图 1-2 2009－2018 年世界风电装机容量

亚洲、欧洲和北美仍然是世界风电装机的主要市场。2018 年，从世界风电装机的总体分布情况看，亚洲、欧洲❷和北美仍然是世界风电装机容量最大的三个地区，累计风电装机容量分别达到 22 903 万、18 249 万、11 199 万 kW，分别占世界累计风电容量的 40.6%、32.4% 和 19.9%，如附图 1-3 所示。

中国、美国、德国、印度、西班牙位列世界风电装机前五强。截至 2018 年底，世界风电装机容量最多的国家依次为中国❸、美国、德国、印度和西班牙，装机容量分别为 18 470 万、9430 万、5942 万、3529 万、2344 万 kW，合计占世界风电总装机容量的 70.4%。风电累计装机排名前十位的国家详见附图 1-4。

---

❶ 数据来源：IRENA. Renewable Capacity Statistics 2019.

❷ 俄罗斯、格鲁吉亚、阿塞拜疆、土耳其、亚美尼亚归入欧洲国家。

❸ 中国按并网口径计算。

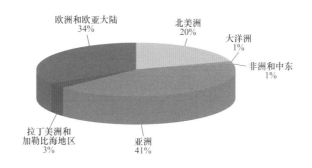

附图 1-3　2018 年世界风电累计装机容量分布情况

2017 年新增风电装机容量最多的国家依次为中国、德国、美国、英国、印度，新增装机容量分别为 1508 万、628 万、626 万、427 万、418 万 kW，中国新增风电装机容量居世界第一，约占全球风电新增装机容量的 32.3%。

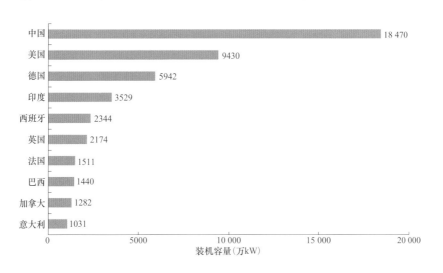

附图 1-4　2018 年世界风电累计装机容量排名前 10 位的国家

海上风电发展呈现地域较为集中的特点。截至 2018 年底，海上风电累计装机容量 2336 万 kW，约占世界风电总装机容量的 4.1%；2018 年新增海上风电装机容量约 447 万 kW，约占世界风电新增装机容量的 9.09%。目前接近 80% 的海上风电装机位于欧洲，其他的示范项目位于中国、越南、日本、韩国和美国。截至 2018 年底，欧洲海上风电累计装机容量 1852 万 kW，其中海上风电装机容量排名前 3 位的国家依次为英国（830 万 kW）、德国（641 万 kW）、中国（460 万 kW）；2018 年欧洲海上风电新增装机容量 267 万 kW，其中 49％集中在英国（131 万 kW），37％集中在德国（128 万 kW）。2009－2018 年全球海上风电装机容量如附图 1-5 所示。

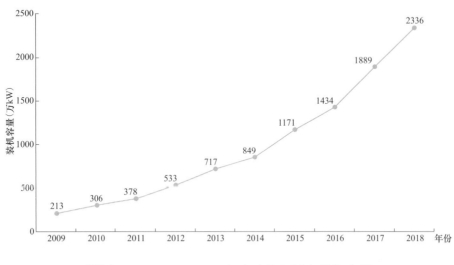

附图 1-5　2008－2017 年全球海上风电装机容量

（二）太阳能发电

1. 光伏发电

全球光伏发电装机容量仍然保持快速增长。截至 2018 年底，世界光伏发电装机容量达到 48 583 万 kW❶，同比增长 24.2％；新增装机容量达到 9476 万 kW，同比增长 1.1％。2009－2018 年世界光伏发电装机容量如附图 1-6 所示。其中，亚洲光伏发电装机容量达到 27 487 万 kW，占世界光伏发电装机容量的 56.6％；新增装机容量为 6408 万 kW，占世界光伏发电新增装机容量的 67.6％。

中国、日本、美国、德国、印度成为全球累计光伏发电装机容量前五名。截至 2018 年底，世界光伏发电累计装机容量最多的国家依次为中国、日本、美国、德国和印度，装机容量分别为 17 765 万、5550 万、5145 万、4593 万、

---

❶ 数据来源：IRENA：Renewable Capacity Statistics 2019.

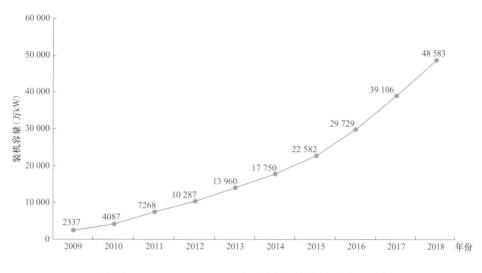

附图1-6 2009—2018年世界光伏发电装机容量

2710万kW，如附图1-7所示。日本光伏发电装机容量继续保持增长，累计装机容量全球第二位；美国光伏发电增长迅速，超越德国排名前进至第三位；德国光伏发电装机容量增长乏力；印度光伏发电装机容量增长迅速，超过意大利成为全球排名第五位的国家；中国光伏发电持续快速发展，累计装机容量继续保持世界第一位。

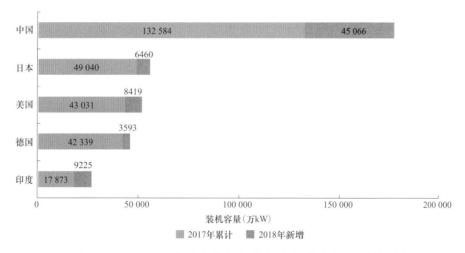

附图1-7 2018年世界光伏发电装机容量排名前5位的国家

中国新增光伏发电装机容量继续保持世界第一位。2018年，世界光伏发电新增装机容量排名前五位的国家依次为中国、印度、美国、日本和澳大利亚，新增容量分别为 4507 万、923 万、842 万、646 万、378 万 kW。

2. 光热发电

世界光热发电装机稳步增长。截至 2018 年底，世界光热发电装机容量约 547 万 kW，同比增长 10.4%，2009—2018 年世界光热发电装机容量如附图 1-8 所示[❶]。

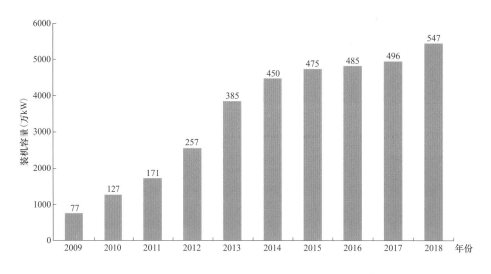

附图 1-8 世界光热发电装机容量

世界光热发电主要集中在西班牙和美国。截至 2018 年底，西班牙光热发电装机容量 230 万 kW，占全球光热发电装机容量的 42.1%；美国光热发电装机容量约为 176 万 kW，占总装机容量的 32.1%；其他在运的光热电站分布在印度（22.9 万 kW）、南非（40 万 kW）、摩洛哥（53 万 kW）、阿拉伯联合酋长国（10 万 kW）、沙特阿拉伯（5 万 kW）、阿尔及利亚（2.5 万 kW）、埃及（2 万 kW）、中国（1.4 万 kW）、墨西哥（1.4 万 kW）等。

（三）其他新能源发电

生物质能发电装机同比增长，欧盟是世界生物质能发电发展较好的地区。截至 2018 年底，世界生物质能发电装机容量约为 1.16 亿 kW，同比增长

---

❶ 数据来源：IRENA：Renewable Capacity Statistics 2019.

5.2%。世界生物质能发电以生物质固体燃料（主要指农林废弃物）为主，约占生物质能装机容量的 82.7%；其次为沼气发电和垃圾发电。2018 年底，欧盟生物质能发电装机容量达到 3802kW，占世界生物质能发电装机总容量的 33%。

世界地热发电装机容量稳步增长。世界高温地热资源较少，高效开发浅层地热资源的技术难度较大。2018 年全球地热发电新增装机容量约 54 万 kW，累计装机容量约 1333 万 kW。地热发电装机容量排名前五位的国家依次为美国、印度尼西亚、菲律宾、土耳其、新西兰。

世界海洋能发电规模较小。目前，海洋能发电技术相对成熟的是潮汐发电。截至 2018 年底，全球海洋能发电装机容量约 53.2 万 kW。韩国建成的 25.5 万 kW 的潮汐能电站，仍然是目前世界上最大的海洋能发电设施；法国在运潮汐能电站 21.9 万 kW；其他在运的电站包括加拿大 2.3 万 kW 的潮汐能电站、中国浙江 3900kW 的潮汐能电站，以及英国约 2 万 kW 的潮汐能和波浪能发电项目。

附录 2　世界新能源发电数据

附表 2-1　　　　截至 2018 年底世界分品种新能源发电装机容量　　　　百万 kW

类型 \ 国家（地区）	世界	欧盟	美国	德国	中国	西班牙	意大利	印度
风电	564	179	94	59	185	23	10	35
太阳能光伏发电	480	115	50	46	175	5	20	27
太阳能光热发电	5	2	2	0	0	2	0	0
生物质能发电	116	38	13	9	13	1	4	10
地热发电	13	0.9	2.5	0	0	0	0.8	0
海洋能发电	0.5	0.2	0	0	0	0	0	0
合计	1179	335	162	114	373	31	35	72

数据来源：IRENA，Renewable Capacity Statistics 2019.

注　中国按并网口径计算。

附表 2-2　　　　截至 2018 年底风电装机规模世界排名前 16 位国家　　　　万 kW

序号	国家	装机容量	序号	国家	装机容量
1	中国	18 470	9	加拿大	1282
2	美国	9430	10	意大利	1031
3	德国	5942	11	瑞典	732
4	印度	3529	12	土耳其	701
5	西班牙	2344	13	澳大利亚	582
6	英国	2174	14	波兰	578
7	法国	1511	15	丹麦	576
8	巴西	1440	16	葡萄牙	519

数据来源：IRENA，Renewable Capacity Statistics 2019.

注　中国按并网口径计算。

附表 2 - 3　　截至 2018 年底光伏发电装机规模世界排名前 16 位国家　　万 kW

序号	国家	装机容量	序号	国家	装机容量
1	中国	17 502	9	澳大利亚	976
2	日本	5550	10	韩国	786
3	美国	4969	11	土耳其	506
4	德国	4593	12	西班牙	474
5	印度	2687	13	比利时	403
6	意大利	2012	14	加拿大	311
7	英国	1311	15	泰国	272
8	法国	948	16	希腊	265

数据来源：IRENA：Renewable Capacity Statistics 2019.

注　中国按并网口径计算。

附录 3   中国新能源发电数据

附表 3 - 1   2018 年分地区风电装机容量及发电量

区域	风电装机容量 （万 kW）	电源总装机容量 （万 kW）	占比 （%）	风电发电量 （亿 kW·h）	总发电量 （亿 kW·h）	占比 （%）
全国	18 426	189 967	9.7	3660	69 940	5.2
北京	19	1276	1.5	3	449	0.8
天津	52	1709	3.0	8	670	1.2
河北	1391	7427	18.7	283	2787	10.1
山西	1043	8758	11.9	212	3088	6.9
内蒙古	2869	12 284	23.4	632	5005	12.6
辽宁	761	5192	14.7	165	1926	8.6
吉林	514	3055	16.8	105	871	12.0
黑龙江	598	3129	19.1	125	1029	12.1
上海	71	2525	2.8	18	857	2.1
江苏	865	12 657	6.8	173	5031	3.4
浙江	148	9565	1.6	31	3508	0.9
安徽	246	7089	3.5	50	2726	1.8
福建	300	5770	5.2	72	2462	2.9
江西	225	3554	6.3	41	1301	3.2
山东	1146	13 107	8.7	214	5218	4.1
河南	468	8680	5.4	57	2974	1.9
湖北	331	7401	4.5	64	2851	2.3
湖南	348	4522	7.7	60	1433	4.2
广东	357	11 812	3.0	63	4573	1.4
广西	208	4515	4.6	42	1616	2.6
海南	34	919	3.7	5	327	1.6

续表

区域	风电装机容量 （万 kW）	电源总装机容量 （万 kW）	占比 （%）	风电发电量 （亿 kW·h）	总发电量 （亿 kW·h）	占比 （%）
重庆	50	2403	2.1	8	798	1.0
四川	253	9833	2.6	55	3761	1.5
贵州	386	6039	6.4	68	2117	3.2
云南	857	9381	9.1	220	3253	6.8
西藏	1	304	0.2	0.1	67	0.2
陕西	405	5443	7.4	72	1992	3.6
甘肃	1282	5113	25.1	230	1599	14.4
青海	267	2800	9.5	38	805	4.7
宁夏	1011	4715	21.4	187	1614	11.6
新疆	1921	8991	21.4	359	3231	11.1

数据来源：中国电力企业联合会《2018 年全国电力工业统计快报》。

附表 3 - 2　　　　　2018 年分地区太阳能发电装机及发电量

省 （区、市）	太阳能装机 （万 kW）	电源总装机容量 （万 kW）	占比 （%）	太阳能发电量 （亿 kW·h）	总发电量 （亿 kW·h）	占比 （%）
全国	17 463	189 967	9.2	1775	69 940	2.5
北京	40	1276	3.1	3	449	0.7
天津	128	1709	7.5	8	670	1.2
河北	1234	7427	16.6	126	2787	4.5
山西	864	8758	9.9	94	3088	3.0
内蒙古	946	12 284	7.7	129	5005	2.6
辽宁	302	5192	5.8	32	1926	1.7
吉林	265	3055	8.7	24	871	2.8
黑龙江	215	3129	6.9	20	1029	2.0
上海	89	2525	3.5	6	857	0.7
江苏	1332	12 657	10.5	120	5031	2.4
浙江	1138	9565	11.9	100	3508	2.9
安徽	1118	7089	15.8	104	2726	3.8
福建	148	5770	2.6	14	2462	0.6

续表

省 (区、市)	太阳能装机 (万 kW)	电源总装机容量 (万 kW)	占比 (%)	太阳能发电量 (亿 kW·h)	总发电量 (亿 kW·h)	占比 (%)
江西	536	3554	15.1	52	1301	4.0
山东	1361	13 107	10.4	137	5218	2.6
河南	991	8680	11.4	84	2974	2.8
湖北	510	7401	6.9	49	2851	1.7
湖南	292	4522	6.5	20	1433	1.4
广东	527	11 812	4.5	38	4573	0.8
广西	124	4515	2.7	9	1616	0.6
海南	136	919	14.8	6	327	2.0
重庆	43	2403	1.8	2	798	0.3
四川	181	9833	1.8	22	3761	0.6
贵州	178	6039	2.9	16	2117	0.7
云南	343	9381	3.7	35	3253	1.1
西藏	98	304	32.1	8	67	12.4
陕西	716	5443	13.2	71	1992	3.6
甘肃	839	5113	16.4	95	1599	5.9
青海	962	2800	34.4	131	805	16.3
宁夏	816	4715	17.3	97	1614	6.0
新疆	992	8991	11.0	121	3231	3.8

数据来源：中国电力企业联合会《2018 年全国电力工业统计快报》。

参 考 文 献

［1］ IEA．Renewable Information 2018．Paris，2018.

［2］ EPIA．Global Market outlook 2018－2022．Brussels，2018.

［3］ IRENA．Renewable Capacity Statistics 2018．Abu Dhabi，2018.

［4］ BP．Statistical Review of World Energy 2018．London，2018.

［5］ GWEC．全球风电市场发展报告 2018．Brussels，2018.

［6］ 国家电网有限公司．促进新能源发展白皮书．北京：中国电力出版社，2019.

［7］ 中国电力企业联合会．2018 年电力工业统计快报．北京，2019.

［8］ 国家电网公司发展策划部，国网能源研究院．国际能源与电力统计手册（2018 版）．北京，2018.

［9］ GE．2025 中国风电度电成本白皮书．北京，2016.

［10］ 国家统计局．中国统计年鉴（2018）．北京：中国统计出版社，2018.